KB074683

옷으로
마음을
만지다

옷으로 마음을 만지다

자존감을 포근히 감싸는 나다운 패션 테라피

박소현

여름

"맛있는 인생 스타일 맛집을 찾는다면 바로 이 책을 권유하고 싶다. 따뜻한 패션 테라피로 팍팍한 세상을 살아가는 사람들의 영혼을 하나하나 보듬어 주는 책! 회사에 찌들고 일하느라 쭈글이가 된 이들에게 지은 이는 '옷'으로 세상 헤쳐 가는 긴급 처방을 콕콕 해준다. 이 인생 스타일 맛집에 들러 메마른 마음을 위한 패션 테라피를 한잔하길 추천한다."

_김원경(부산 패션위크 담당자)

"우리 옛 선조들은 '의관정제(衣冠整齊)'를 사람됨의 주요 덕목 중 하나로 보았다. 그만큼 옷의 중요성을 알고 또 옷 입기를 삶의 중요한 부분이라 생각했던 것이다. 한복을 만드는 사람 입장에서 보면 세상을 따라 변한 것들 가운데서도 입을 거리의 변화가 제일 심하다고 하겠다. 같이 옷을 공부하던 지은이가 우리 옛 선조들이 생각한 옷의 의미와 의도를 누구보다 더 깊이 잘 이해한 탓일까? 책을 읽는 동안 그간 잊고 있었던 옷의 의미 그리고 옷이 자아실현을 하는 데 훌륭한 수단이 된다는 점을 새삼 느끼면서 계속 무릎을 치지 않을 수 없었다. 이 책을 읽는 모든 독자들이 옷을 통해 힐링 하는 시간을 가졌으면 한다."

_조진우(한국의상 '백옥수' 3대 전수자)

"모두가 매일 반복적으로 하고 있고, 수년간 지속해 온 활동임에도 불구하고 어렵게 느끼고 자기 확신이 가장 부족한 분야 중 하나가 '패션'이 아닐까 싶다. 그래서인지 항상 자신에게 맞는 패션을 고민하면서 명쾌하게 적절한 제안을 주는 책이나 정보를 찾지만 오히려 더 혼란스러워지는 경우가 많다. 그런데, 이 책은 다르다. 옷에 대한 이야기만 하는 줄 알았는데 우리 삶에 대한 이야기로부터 시작한다. 옷 잘 입는 법이 아닌 이 세상을 잘 살아가는 법을 배우게 된다. 외적인 패션 코디네이팅 이전에 우리 내면의 코디네이팅을 해주는 선물 같은 책이다. 이제 이 책과 함께 자신에게 잘 맞는 옷을 고르고 각자의 스타일을 만들어가는 즐거운 여정을 시작해보길….'

_김진우(쇼메이커스 이사)

"몸은 자존감을 담는 그릇. 참 와 닿는 글귀이다. 그릇의 생김새와 용도는 제각기 모두 다르지만, 그 본연의 모습으로 쓰이려면 우선, 자존감 그 자체가 바로 서야 한다는 뜻 아닐까? 작가는 '옷으로 마음을 만지다'라는 제목을 앞세웠지만 실상 의복이 먼저가 아닌, 우리네 각자의 마음을 먼저 공감해 주려 한다. 또한 옷으로 자존감이 어떤 식으로 드러날 수 있는지를 고민하면서 자연스런 치유의 기대감을 모두에게 선물하고자 하는 따뜻한 마음씨를 가진 책이다. 나 스스로를 들여다보며 자존감 회복을 기대하는 이들이라면 주저하지 말고 이 책을 읽어보길 권한다."

_유서경(가구 디자이너)

옷에 묻은 감정

대학에서 '패션'을 가르친다고 하면 대부분의 사람들은 한결같은 눈빛을 보낸다. 재빨리 내 차림새를 위아래로 훑어보는 것이다. 그리고 약속이나 한 듯 어느 대학을 나왔는지 무슨 과목을 가르치는지 묻는다.

첫 번째 질문으로 내 수준을 가늠하려 고자세를 취하던 사람도 두 번째 질문에 대한 내 답을 들을 때면 눈을 유리알처럼 반짝이며 내 쪽으로 몸을 한껏 기울인다. 바로 내가 강의하는 과목 중 하나인 '의상사회심리' 때문이다. 사람들은 옷 · 사회 · 심리가 한데 묶여 있다는 그 자체를 신기해한다. 그럴 때면 나는 이렇게 말한다.

사람이 사는 데는 기본적으로 의식주가 필요해요. 물론 하루쯤 굶거나 밖에서 잘 수는 있지만 벌거벗은 채로 밖에서 하루를 보낼 수는 없어요. 수치심 때문이죠. 그래서 옷을 제2의 피부라고도 불러요. 그만큼 내면의 자아가 반영되거나 감정이 묻어나고 또 사회적으로는 사람을 가늠하는 정보가 돼요. 흔히들 말하는 첫인상의 일부죠. 방금 저를 이렇게 슬쩍 보신 것도 같은 맥락이에요.

이렇게 말하고 나면, 사과하는 사람도 있고, 이따금씩 진지하게 자신의 자존감이나 옷을 입는 성향에 대해서 묻는 이도 있었다. 또 유행을 장려하며 쇼핑을 부추기는 게 아니라서 신선하다며 글을 써 보라는 이도 있었다. 그럴 때면 손사래를 치곤 했다. 전공인 패션 마케팅이나 브랜드 매니지먼트를 벗어난 분야를 써볼 생각을 한 적이 없었기 때문이다.

물론 관련이 아주 없는 것은 아니다. 소비자의 심리를 이해하는 게 우선인 패션 마케팅은 의상사회심리와 접점이 많다. 사람처럼 브랜드의 정체성^{identity}을 구축하고 관리하는 브랜드 매니지먼트 또한 그렇다. 하지만 전문가가 아닌 내가 진정성 있는 글을 쓸 수 있을지 의문이 들었고 확신이 없었다.

　문득 패션 디자이너를 꿈꾸다 타인의 말 한마디에 실의에 빠졌던 스무 살의 내가 떠올랐다.

　　그 작은 체구로
　　한국에서 디자이너로 취직하긴 어려울 텐데….

　대학교 전공을 패션으로 결정한 지 얼마 되지 않았을 때 들은 말이었다. 이 말은 사실이었다. 여성복 브랜드는 관례적으로 키 168센티미터 이상에 44~55사이즈의 신입 디자이너를 채용해서 옷 샘플의 피팅 모델을 겸하고 있었다. 내 키는 한참 부족했다. 해외에서 십 대를 보냈던 터라 한국 실정을 잘 몰랐다. (모델이라면 모를까 디자이너에게 키가 중요하다니!)

　성인이 갑자기 키를 키운다는 것은 불가능하다.

　잠이 오질 않았다. 복잡한 심정이나 쏟아내자 싶어서 책장에 꽂힌 아무 연습장이나 꺼내 들었다. 빈 페이지를 찾으려 뒤적이다 예전에 메모해 둔 글 한 줄과 마주하게 됐다.

> 여자란 티백과 같아서 뜨거운 물에 들어가기 전까지
> 는 그 여자가 얼마나 강한 존재인지 아무도 알 수가
> 없다.

안나 엘리너 루스벨트 Anna Eleanor Roosevelt

해외 생활이 힘들었던 어느 날 적어둔 글이었다.

무시당하는 게 싫어서 과제든 뭐든 그 나라 아이들보다 좋은 결과를 내려고 노력했던 십 대 시절 내 모습이 눈에 선했다. 그때는 점수가 높으면(진하게 우러나면) 된다고 생각했다.

성인이 되어 이 글을 다시 보니, 뜨거운 물속에서 녹아내리지 않는 얇은 반투명의 티백 종이 막에 마음이 갔다. 작고 나약해 보이지만 매우 강하게 느껴졌다. 문득 유명 여성복을 만든 남자 디자이너들이 떠올랐다.

크리스찬 디올, 이브 생 로랑, 발렌티노 가라바니, 랄프 로렌까지 셀 수 없이 많았다.

남자도 여자 옷을 하는데 여자인 내가 키 때문에 포기하는 것은 섣부르다는 생각이 스쳤다. 대학원 전공으로 패션 마케팅을 선택했을 때는 업계에서 남자를 더 선호한다는 핀잔을 들어야 했다. 여자 선배들이 멋지게 활약하고 있는 분

야였는데도 말이다. 세상에는 자신이 아는 작은 정보를 한마디씩 내뱉어야 직성이 풀리는 '참견쟁이'들이 꼭 있다. 살짝 우회하거나 융통성 있게 관점을 달리하면 해결책을 찾을 수 있는데 말이다.

순간, 그때의 나처럼 누군가 뱉은 말 한마디에 마음이 다쳐서 혼자 고민하는 사람이 있다면, 스스로를 추스를 수 있게 돕는 글은 쓸 수 있겠다 싶었다. 아무 생각 없이 서로에게 끓는 물 같은 말을 던지는 사회에 들어가기 전, 견고한 티백 같은 옷으로 스스로를 감쌀 수 있도록, 저마다의 진한 고유함이 우러날 수 있도록 말이다.

남들 눈치만 보다가 외모지상주의 앞에서 내 스타일이 뭔지 내가 어떤 사람인지도 알아채지 못하고, '괜찮은 보통'이 된 채 '나'를 잃어버린 이들이 있을 것이다.

의외로 마음속 이야기를 털어놓을 곳이 마땅치 않아 홀로 곪아가는 이들도 있다. 이럴 때면 상처는 자존심이 입지만, 이 역경을 견디는 힘은 자존감에서 비롯된다. 그러니 잠시, 잠깐이라도 자존감과 마주하는 시간이 우리 내면의 건강에는 필요하다. 입으로 꺼내지 못하는 말이 늘어 간다면 속으로 삭히지 말고 옷으로 대신 표현해도 된다고 말해 주고 싶다.

1930년대에 활약했던 은막의 여배우 마를레네 디트리히^{Marlene Dietrich}는 명언 읽기를 좋아했는데, 자기 생각과 닮은 글을 볼 때면 권리를 부여받은 기분이 든다고 말했다. 나는 안나 엘리너 루스벨트^{Anna Eleanor Roosevelt}처럼 지혜로운 이들이 남긴 아포리즘의 도움을 받기도 했다.

이 책을 읽으며 자신의 자존감을 위해 시간을 할애하고 실천할 독자들에게, 지금 그 생각이 옳다는 확신을 가질 수 있도록 현명한 이들이 남긴 짧은 경구를 함께 들려주고 싶다. 한 명의 목소리는 작은 음성일 뿐이지만, 여럿의 음성이 모이면 함성이 되고 응원이 될 것이다.

긴 호흡은 아니더라도 일상의 한 귀퉁이 단 몇 분이라도 자신을 들여다보는 연습을 하자. 그렇게 매일 입는 옷처럼 '나'를 '나답게' 해 주는 자존감을 매만져 주자.

남의 시선 속에서도 자유롭게 온전히 자신을 바라볼 수 있을 때까지 제2의 '나' 같은 옷과 함께, 내 안의 자존감과 마주하자.

CONTENTS

1장

내안의
힘을 깨우는
시작점

괜찮은 척하는 우리에 대하여

요즘 괜찮은 척이 습관화된 사람들이 많다. 깊숙이 배인 슬픔에도 환희에 찬 기쁨에도 유난스럽지 않게 무던하게 괜찮은 척을 한다. 예전에는 '기쁨을 나누면 배가 되고 슬픔을 나누면 반이 된다'고 했다면 이제는 '기쁨을 나누면 질투가 되고 슬픔을 나누면 약점이 된다'는 말이 현실을 적시하는 것 같다.

서바이벌 게임 같은 치열한 경쟁의 승패로 평가를 당하다 보니 삶의 피로도는 높아지고 이타심이 줄어들어 그런 것이다. 그래서 소통과 공감보다 시기와 질투가 울컥 터져 나오게 된다. 사람들에게 상처 받기는 쉽고 회복하기는 어렵다 보니, 우리들은 타인과 거리를 두며 외로움을 키우고 스스로를 고립시키기도 한다. 이럴 때면 내 안의 어둡고 부정적인 에너지 또한 나 자신을 공격하게 된다.

물론 일정 시간 혼자 지내다 보면 나아지기도 하지만 사나운 현실에 맞서는 면역력을 키우기는 어렵다.

큰 상처를 받아 병을 얻은 사람들은 고통을 극복하기 위해서 비슷한 처지의 사람들이 만든 모임에 나가는 경우가 있다. 거기서 그들은 타인의 아픔을 듣고 자신의 슬픔을 나누며 괜찮은 척을 멈추고 자존감의 회복을 경험한다. 슬픔을 나누면 반이 되는 것이다.

'화성에서 온 남자, 금성에서 온 여자'라는 말처럼 이 괜찮은 척과 자존감에는 남녀의 차이가 있다.

독일의 심리상담사이자 베스트셀러 작가인 우르술라 누버Ursula Nuber는 여자를 위한 책인 『나는 내가 제일 어렵다』에서 이렇게 말했다.

당신은 매일 밤 울지만,
아무도 당신이 우는 것을 보지 못했다.

누구나 공감할 만한 이야기다.

누버의 책을 읽은 후 이런 생각이 들었다. 자존감은 흔히 우울함 때문에 낮아지는데, 여성의 경우 월경의 호르몬 변화가 큰 몫을 차지한다. 대부분의 사람들은 괜찮은 척하며 우울해하는 때가 많고, 생각이나 고민이 많아지면 모든 잘못을 자기 탓으로 돌리며 자신을 사랑받지 못할 존재라고 속단하고 좌절한다. 그래서 자주 사랑을 확인받고 싶어 하는지도 모른다. 여자의 책임감은 아내, 엄마, 딸이라는 역할에 충실하게 만들지만 나(자아)를 잃어버리게 만들기도 한다.

사람은 존중받고 사랑받을 때 가장 아름답게 빛날 수 있다.

오스트리아 상담협회의 명예 부회장인 고트프리트 휘머는 책 『가끔은 남자도 울고 싶다』에서 이렇게 말한다.

남자는 우울증에 걸리지 않는다.
그들은 어느 날 자살할 뿐이다.

대부분의 남자들은 남자다워야 한다는 강박 때문에 힘들어 한다. 스스로 확신할 수 없는 일에도 '남자답게' 행동하느라 외롭고 불안하지만, 약한 모습을 용납할 수 없어서 특유의 허세를 부린다. 성공이 곧 자존감이기에 과정보다 결과가 중요하다. 그렇기 때문에 자신의 약점이나 단점을 받아들이는 것을 어려워한다. 그들에게는 인간은 누구나 한계가 있음을 알려 주고 불안과 두려움을 격려해 줄 멘토가 필요하다. 대부분의 남자들은 자신이 믿을 만한 남자라고 느낄 때 자존감이 최고조에 오른다.

남녀는 서로 조금 다르지만 공통적으로 자신의 존재에 대한 인정에 목말라 있다. 이건 상처를 준 사람도 받은 사람도 같을 것이다. 우리는 서로의 가해자나 피해자가 되어서는 안 된다. 서로를 인정하고 존중하고 소통하며 서로의 어둠에 빛을 밝혀 줘야 한다.

그러기 위해서는 자존감을 알아갈 필요가 있는데, 우리는 종종 자존감과 자존심의 개념을 혼동한다. 그도 그럴 것이 학문적으로는 자존감과 자존심 모두 'Self Esteem'으로 혼용되어 쓰이기 때문이다. 하지만 우리말에서의 자존감과 자존심은 그 정의가 약간 다르다.

자존감은 대상과 상관없이 자신의 존재 가치 자체에 주목하는 것이다. 자존심은 특정한 대상이나 경쟁 관계 및 상황에 자신을 견주어 비교할 때 일어나는 심리적인 상태를 의미한다. 쉽게 말해 자존감이 스스로를 존중하며 '난, 나야'라고 외치는 존재라면 자존심은 '너, 나 몰라?'라며 주위의 인정을 바란다.

자존감은 어린 시절에 그 토대가 마련된다. 그래서 가정환경, 교육, 생김새, 경제력이 영향을 미치지만 전적인 것은 아니다. 스스로를 믿고 존중하는 태도로 자존감을 성장시킨 이들도 많다. 이렇게 키워진 자존감은 자존심의 든든한 쌍둥이 형제가 된다. 아동 정신분석의 선구자인 안나 프로이트도 자아를 사회적으로 훈련할 수 있는 능력이 중요하다고 강조했다.

자존감은 '살아온 삶'이라는 지면에 뿌리를 내린 나무줄기이기 때문에 그 땅의 상태나 뿌리의 온전함에 따라 달라진다. 자존심은 실시간으로 부딪치는 '사회'라는 바람에 나부끼는 나뭇가지 같아서, 그렇게 부대끼며 저마다 자라난다. 그래서 우리는 경쟁사회에서 감정이 상할 때면 자존감이 아닌 '자존심'이 상했다고 표현한다.

어떤 숲은 제각각 다른 나무들이 함께 공존하기 위해서 '꼭대기의 수줍음Crown Shyness'을 택한다고 한다. 서로 손만 닿아도 수줍어하며 닿을락 말락한 틈을 두며 걷는 소녀나 소년처럼, 나무 꼭대기의 가지는 서로 약간의 간격을 두고 떨어져 있다. 정설은 없지만 일부 학자들은, 바람이 불 때 맞닿은 나뭇가지들이 부딪쳐서 부서진 뒤에 서로 거리를 유지하기 위해 이 틈이 생겼다고 주장한다. 또는 자신보다 키가 작은 나무나 바닥의 풀잎까지 햇빛을 전달해 주려고 벌어진 틈이라거나, 해충이 옆 나무로 옮겨가서 번질까 봐 저마다 간격을 둔다는 설도 있다.

명확한 것은 여러 나무가 공존하여 숲을 이루기 위해서 '꼭대기의 수줍음'을 택했다는 것이다. 우리도 자존감과 자존심을 위해 '수줍은 공존'을 선택해보자.

혹시 그러고 싶은 마음은 있지만 속이 시리도록 힘들 때는 나무처럼 옷의 힘을 빌리면 어떨까? 살을 에는 겨울이 오면 사람들은 나무 줄기에 짚단이나 섬유로 된 옷을 입힌다. 나무에 해로운 것들이 겨울을 나기 위해 따뜻한 나무 옷 속으로 모여들도록 말이다. 그리고 봄이 오면 그 옷을 벗겨내어 나무가 다시 건강히 살아갈 수 있도록 하는 것이다.

괜찮은 척보다 스스로를 좀먹는 것들을 막고 덜어내기 위해 나무가 옷의 힘을 빌리는 것처럼 옷을 써보자. 당장은 서로 부딪치다 생채기가 나겠지만, 생각이 같은 이들을 만나게 되면 각자 긍정적인 간격을 유지하며 자존감의 자양분이 되어 주고 부정적인 평가는 거두는 배려를 시작하게 될 것이다. 나무와 같은 삶의 수줍은 공존과 옷의 힘을 빌리는 것은 서로의 기쁨과 함께 외로움, 아픔, 슬픔도 나누며 스스로를 온전히 하는 것이다.

옷이 가진 힘

프랑스 철학자인 알랭Emile Auguste Chartier은 '내용이 형식을 결정하는 대신 형식이 또한 내용에 영향을 주는 것을 잊지 말라. 해진 의복을 입고 있으면 상쾌하던 기분도 침울해진다. 다소 우울했던 기분도 옷을 산뜻하게 갈아입으면 상쾌해지는 것도 그 때문이다'라고 했다. 옷은 우리의 기분이나 상태를 좌우하기도 하고 마음의 상태를 드러내기도 한다. 이런 옷의 힘에 대한 여러 연구가 있다.

1959년 미국의 샌프란시스코에서 시작된 '패션 테라피 프로젝트'는 옷 또는 '옷 입기'가 우리에게 미치는 영향과 파급력을 보여준다.

이 프로젝트는 외모를 정신건강의 한 단서로 보았다. 지역 병원의 여성 정신 질환자들에게 최신 유행 옷을 입히고 헤어와 메이크업을 한 후 패션쇼를 하는 시도를 했다. 주목받는 옷 입기로 삶의 가치를 상실한 이들의 자존감 회복을 돕는 게 이 프로젝트의 목적이었다.

자신의 외모를 수치스럽게 여긴 나머지 외부 세계와 단절한 여성 환자가 있었다. 그녀에게 몸에 잘 맞는 옷을 입히고 치장을 해서 거울을 보여 줬더니 매우 흡족해 했고, 나중엔 모두가 보는 패션쇼 무대에 오를 정도로 회복했다.

질긴 가죽 옷을 먹어 버리는 환자도 있었다. 자신이 가치 없다고 생각하는 중증 자기부정 환자였다. 그녀는 실크 스타킹에 아름다운 드레스를 입은 자신을 거울로 본 후에는 자신을 인정하게 되었고 더 이상 옷도 먹지 않게 되었다.

옷 입기는 그녀들의 가치를 환기시키는 계기가 되었다.

이 프로젝트의 가장 놀라운 점은, 프로젝트가 시작된 후 해당 병원의 남성 환자들이 덩달아 멋을 내기 시작했다는 것이다. 나아가 병원 간호사들까지도 외모를 가꾸기 시작했고 덕분에 근처 미용실은 하루가 멀다 하고 북적거렸다. 치료 대상의 주변에도 패션 테라피의 효과가 미친 것이다. 옷 입기로 하는 자기존중은 마치 바이러스처럼 전염되는 것 같다.

패션 테라피는 어렵지 않다. 자신이 즐거울 수 있는 콘셉트를 정하고, 음악에 맞춰 어깨를 들썩이며 화장을 하고 옷을 골라 입고 거울 앞에서 패션쇼를 하며 제 멋에 흥겹다면 그게 '패션 테라피'이다.

슈퍼 히어로는 자신의 능력을 발견하고 정체성을 확립하고 나면 대부분 커다란 로고가 박힌 유니폼을 입고 힘을 발휘하기 시작한다. 영국 하트퍼트 대학의 카렌 교수는 슈퍼 히어로 의상의 힘을 실험한 적이 있다. 대학생 그룹을 나눠서 한쪽은 슈퍼맨 티셔츠를 입히고, 나머지는 평소에 입는 옷을 입고 물건을 몇 킬로그램까지 들 수 있을 것 같은지 설문을 했다. 놀랍게도 슈퍼맨 티셔츠를 입은 그룹이 작은 차이지만 더 무거운 무게를 들 수 있다고 답했다. 옷이 자신감과 신체적 힘을 향상시킨 것이다. 어릴 적 슈퍼 히어로 놀이를 할 때 지치지 않았던 건 목에 맨 망토 때문일지도 모른다.

라이스 대학의 하요 애덤 교수는 '흰 가운'으로 집중력과 주의력 향상을 실험했다. 신기하게도 의사의 흰 가운이란 설명을 듣고 착용한 참여자들의 집중력과 주의력 테스트 결과가 제일 높게 나타났다고 한다. 의사의 흰 가운이라 생각한 사람들이 그 직업의 상징적 능력을 발휘한 것이다. 상징에 대한 신뢰가 능력으로 전환된 것으로 보인다. 실제로 의사들도 흰 가운을 입었을 때 마음가짐이나 행동이 평상시와 달라진다고 한다.

옷은 사람들에게 에너지도 주고 전투복이 되기도 한다.

간혹 방송에서 독특한 옷이나 스타일링을 즐기며 그 에너지로 삶의 역경을 이겨내거나 우울감을 떨쳐낸 분들을 볼 수 있다. 패션은 자기 의사 표현의 도구이다. 마음의 건강을 위해서 자신을 치장하는 자유를 누려 보면 어떨까? 머리를 무지개색으로 염색하거나 코스튬을 입고 할로윈 데이를 즐기는 것이다.

살다 보면 인생 최고로 매력적이어야 할 때가 있다. 뒤통수치고 결혼하는 전 연인의 결혼식에 갈 때나 어릴 적 첫사랑을 만날 때이다. 이때의 비장함은 전투를 앞둔 장수의 마음과 같다. 지하 암반수를 끌어올리듯 매력의 최대치를 뽑아낼 수 있는 전투복 스타일링을 하나쯤 생각해두자. 인생은 늘 준비된 자에게 기회를 베푸니!

그 외에도 옷은, 스포츠 선수의 징크스 극복 아이템이 되거나, 임신을 위해 다산한 산모의 속곳을 구해서 입는 등의 행운을 비는 도구도 된다. 이렇듯 옷이 가진 힘은 다면적이다.

옷의 힘은 빙산과 닮았다.

물 위에 떠 있는 빙산을 보면 수면 위의 부분이 전부인 것처럼 보이지만 그렇지 않다. 빙산 얼음은 물보다 밀도가 10퍼센트 낮다. 이런 이유로 수면 위로 보이는 빙산은 전체 부피의 10퍼센트이고 나머지 90퍼센트는 물속에 잠겨 있다. 우리도 세상의 눈에는 빙산처럼 일부만 보인다. 그래서

당신이 최악으로 싫어하는
적을 만나러 갈 때처럼 늘 입어라.

키모라 시몬스

본래 모습과 다르게 평가당하기도 하고 의도하지 않은 이미지를 남길 때도 있다.

'옷의 힘'은 물고기의 부레처럼 가려진 모습이나 능력을 수면 위로 끓어 올리는 데 있다. 부레는 공기 주머니로 상하 이동, 청각, 평형감각 같은 기능을 하며 소리도 낼 수 있다. '나'라는 빙산의 중앙에 옷 입기를 부레처럼 두는 관점의 전환은 보이고픈 모습의 고저를 조절할 수 있는 옷 입기의 순기능이 되어 줄 것이다.

낯설거나 주변과 비슷하게 동화되어야 할 때는 적합한 (첫)인상과 목적에 몸에 맞춰 옷을 입는 게 좋다. 입사 면접이나 사회생활을 할 때가 그렇다.

반대로 존재감이나 가능성을 어필해야 할 때는 내가 '나'답게 돋보일 수 있도록 자신감을 끌어 올려주는 옷을 입자. 패션 테라피, 히어로 티셔츠, 흰 가운 효과, 즐기는 옷 입기, 매력 전투복, 행운 빌기 등처럼 말이다.

옷 입기를 스스로 자존감의 고저와 균형을 조절하는 도구이자 내면을 보여주는 목소리로 쓰자. 옷의 힘을 활용하는 것은 스스로를 위해서 아름답게 꾸미거나 원하는 모습을 구현하며 자신이 가치 있고 능력 있는 사람이라는 것을 일깨우는 행동이다. 우리의 내면과 외면을 위한 옷을 입는다면 자존감은 소울 메이트를 만난 기분일 것이다.

세상을 향해 자신이 외칠 때, '옷'이라는 소울 메이트는 확성기가 되어줄 것이다.

자존감을 지지하는 옷

심리학 용어 사전에 따르면 자존감은 '가치, 능력, 통제'로 구성되었다고 한다. '가치'는 자신을 긍정적으로 보며 좋아하고 존중하며 가치 있는 사람이라고 여기는 것이다. '능력'은 자신이 정한 목표나 맡은 일을 해낼 수 있다고 믿는 것이다. '통제'는 자신이 주변 상황을 통제하거나 영향을 줄 수 있다고 느끼거나 믿는 정도를 말한다.

우리의 몸이 자존감을 품은 나무라면 옷은 자존감의 '가치, 능력, 통제'가 제 힘을 발휘할 수 있게 지탱해 주는 지지대(지주목)이다. 마음이 웃자라거나 세상의 풍파에 흔들릴 때면 되잡아 스스로 자존감의 가치와 능력을 상기시키고 북돋아 줄 수 있도록 돕는 것이다. 이를 실제로 경험한 적이 있다.

해외에서 고등학교를 다닐 때 과제로 '장애인을 위한 의복 리서치'를 한 적이 있다. 도서관에서 관련 도서를 찾아보니 신체가 불편한 사람과 지적 장애가 있는 사람, 이 둘을 복합적으로 겪고 있는 이들을 위한 다양한 옷이 나와 있었다. 또 책 속 장애인들은 몸에 꼭 맞는 옷을 입고 비장애인들과 다름없이 다양한 직업에 종사하며 사신의 역할을 소화하고 있었다. 유심히 보지 않으면 분간할 수 없을 만큼 자연스러웠다. 옷이 이들의 사회생활을 돕는 목발과 같은 지지대처럼 보였다. (당시는 1990년대였고 십 대였던 나는 유학을 가기 전까지, 한국에서 다양한 직업을 가진 장애인을 일상에서 접해 보지 못했다.)

사실 옷은 내게도 그런 지지대였다. 유학 초기에는 깨어 있는 매 순간이 영어시험 시간 같아서 온종일 머리가 아팠다. 색색깔의 머리색을 가진 사람들 사이에서 유독 튀는 나의 까만 머리는 환영 받지 못할 곳에 온 듯한 기분이었다. 그래서 나답지 않게 많이 위축이 되었다. 조금씩 영어가 늘면서 자연스럽게 외국 친구들이 생겼고, 같이 옷도 사고 머리도 유행하던 색으로 염색했다. 우연히 쇼윈도에 비친 나의 모습을 보았다. 생김새는 여전했지만 스타일은 영락없는 그동네 십 대였다. 그제야 어긋나 있던 내 '몸의 자존감, 옷 입기, 자존감' 이 셋의 발걸음이 환경 변화에 맞아떨어져 온전한 내가 된 기분이 들었다.

두 가지 자존감과 옷입기의 관계는 셋이 한 몸인 것처럼 맞닿은 다리를 한쪽씩 묶어서 움직이는 3인 4각과 닮아 있다. '옷 입기'는 한가운데서 두 가지 자존감을 연결해주는데 몸의 자존감이 부족하다고 느끼는 외적 부분을 보완하고, 자존감이 보이고 싶은 외형을 실현할 수 있게 돕는다. '옷 입기'는 그렇게 중심을 잡으며 이끌기도 하고 지탱해 주는 역할을 한다. 셋(몸의 자존감, 옷 입기, 자존감)의 3인 4각이 잘 작동할 때 우리는 '나답다'는 만족감을 느끼게 된다.

옷 입기는 몸과 내면의 자존감을 연결하는 지지대이다.

문명화된 사회에서 옷은 개개인의 취향과 매력을 표현하는 비언어 형태의 도구도 되고, 시각적 혹은 기능적으로 부족한 신체의 부분을 감싸주고 보완해 주는 순기능을 한다. 다리가 길어 보이는 바지, 날씬해 보이는 원피스, 장소에 맞는 스타일링과 같다. 또 옷은 사람을 단편적으로 파악해 계층화하거나 차별하는 역기능도 가지고 있다.

옷은 양날의 검과 같다.

옷의 순기능과 역기능 사이에서 무엇을 택할지는 우리의 몫이다. 자존감의 가치와 능력을 위해 자신을 통제할 수 있는 '옷 입기'를 한다면, 자신에게 최적화된 지지대이자 방향키를 손에 쥔 것이다.

셀프-워라밸을 위하여

'일하지 않는 자 먹지도 마라'는 말처럼 대다수의 사람들에게 일은 먹고 살기 위해 필수불가결 한 요소이다. 그러다 보니 물질만능주의가 팽배해지면서 일중독자(워커홀릭)나 소진증후군(번아웃^{Burnout} 신드롬) 같은 단어가 생겨났다. 근래에는 여기에 반대되는 일과 삶의 균형(워라밸^{Work Life Balance})이 이슈화되었다.

실제로 우리가 이렇게 일에 중독되고 소진된 것은 앞서 언급한 물질만능주의나 치열한 경쟁 사회가 가장 큰 원인이지만 쉽게 바뀌지도 또 쉽게 바꿀 수도 없다. 하지만 상처받

옷의 도구적 기능은
옷을 통해 자기개념을 확실하게 하고,
그 옷이 주는 의미에 대한
다른 사람들의 긍정적인 반응을 통해
자존감을 높이는 것을 말한다.

솔로몬Solomon

은 '자존심'을 위해 옷을 입는 관점을 바꿔 '워라밸'을 '셀프'로 해볼 순 있다. 이해를 돕기 위해 '김 대리'의 일화를 소개하고자 한다.

이 이야기 속 김 대리의 부서는 주도했던 프로젝트가 회사에 엄청난 손실을 끼치면서, 책임을 묻기 애매한 직책인 김 대리를 제외한 모두가 해고됐다. 부서는 곧 새로운 사람들로 채워졌는데 김 대리는 혼자 살아남았다는 죄책감과 스스로가 무능력하다는 생각에 좀비처럼 회사를 다녔다. 그런 그에게 초고속 승진을 하며 임원 감으로 점쳐지는 새로 온 부장님이 '김 대리, 자존심은 벗어 놓고 일해요'라고 말을 하면서, 김 대리는 전환점을 맞이한다. 이야기의 본말은 이러했다.

부장님: 김 대리, 자존심은 벗어 놓고 일해요.

김 대리: 네?

부장님: 출근해서 일 시작하며 재킷을 벗어 놓을 때, 그때 자존심도 같이 벗어 두라고요.

김 대리: 네…?

부장님: 회사 일은 평이하게 해도 잘될 때가 있고, 아무리 잘해도 틀어질 때가 있어요. 그러니까 자존심

상하지 않게. 김 대리의 자존심은 출근해서 재킷 벗을 때 같이 벗고 퇴근하며 재킷 입을 때 다시 챙겨요. '할 수 있다'라는 자신감도 지킬 자존심이 있어야 생기는데 매일 상처받으면 남아나질 않아요. 그러니까 김 대리, 자존심은 벗어 놓고 일해요.

이 이야기에서 자존감이 아닌 자존심을 벗어 놓으라고 한 것은 두 개념의 상태를 표현하는 방법의 차이 때문이다.

개인의 주관성과 연관이 깊은 자존감은 '나는 자존감이 낮아'처럼 높낮이로 표현한다. 타인 혹은 경쟁에 영향을 받는 자존심은 '자존심 상한다'라고 한다.

자존감과 자존심에 대한 주변의 반응도 다르다. 대부분 자존감이 낮을 때는 위로나 응원을 하지만, 자존심을 내세울 때면 '자존심 좀 버려'라는 말을 한다. 틀린 의미는 아니지만 '버린다'는 표현은 때로 과하게 느껴질 때도 많다. 자존심은 버려도 될 만큼 하찮거나 쓸모없는 게 아니다. 자존심은 재킷처럼 벗거나 내려놓는 것이 좋다. 그 잠시 잠깐이 지나면 언제든 되찾을 수 있게 말이다.

재킷은 슈미즈(현재의 셔츠)라는 속옷 위에 입는 겉옷이다.

내의가 우리의 존엄성이자 자존감이라면 그 위에 입는 겉옷인 재킷은 자존심이 된다. 경쟁의 결과나 타인의 인정에 좌우되는 재킷(자존심)을 입고 제대로 마인드 컨트롤을 하기는 어렵다. 일을 시작하며 재킷을 벗을 때 심리적으로 자존심도 함께 벗어 버릇하면, 경쟁에서 지더라도 그 상처가 삶 전체를 흔드는 일을 막을 수 있다.

요즘 김 대리 같은 사람이 많다. 일 때문에 자괴감에 갉아먹힌 이들이나, 노력으로 삶의 간극을 좁히기 어려운 현실에 체념과 분노를 오가다 좌절하는 사람들이다. 자신의 능력을 집단 내에서 계속 증명해야만 하는 이들에게 '나'는 사라지고 이름값만 남는다. 집단에서 내쳐지면, 이들의 상실감은 개개인을 깡그리 짓밟아 버린다. 또 특정인을 비꼬아 부르는 유행어는 그 사람의 존엄성과 생기마저 앗아 가지만, 사람들은 거리낌이 없다.

이런 상황들은 열정을 불쏘시개로 만들고 자존심에 재를 뿌려서 다시 일어나기 힘들게 만든다. 그리고 이때 쏟아진 세상의 시선은 그 하나하나가 모두 자신감을 관통하는 아픔이 된다.

우리는 상처받기 위한 과녁으로 태어나지 않았다. 그렇다고 화살이 될 필요도 없다.

자존심을 재킷처럼 벗어 놓자.

경쟁이나 비교 앞에 서야 할 때면, '자존심은 잠시 벗어 놓았다가 다시 입자'라고 되뇌자. 세상의 소용돌이 속에서 '할 수 있다'는 자신감이 소진되는 것을 막자.

'플라시보 효과'라는 말이 있다. 라틴어로 '기쁘게 하다'라는 뜻으로, 실제 약의 효능과 상관없이 약을 먹었으니 나을 것이라고 믿은 사람들의 통증이 줄고 기분이 좋아지는 현상을 일컫는다. 자존심을 재킷처럼 벗어 놓는다는 관점의 전환은 셀프-워라밸을 위한 '플라시보 효과'가 될 것이다.

삶의 변화에 맞춰 옷입기

워라밸을 위해 퇴사나 이직 또는 전업을 하는 이들이 있다. 삶의 근간을 흔드는 중대한 결정이다 보니 퇴사 후 일을 시작하기 전에 '해외에서 한 달 살이'를 하거나 '순례자의 길'을 걷는 이들이 늘어나고 있다. 『연금술사』의 작가 파울로 코엘료^{Paulo Coelho}도 일을 그만두고 순례자의 길을 묵묵히 걸으며 어릴 적 꿈인 작가로 전업할 것인지 고민에 잠겼다고 한다. 그렇게 여러 날을 걷고 걸어 다다른 순례자의 길 끝에선 그는 물속으로 뛰어들었다. 물 밖으로 나온 코엘료는 입었던 옷을 벗어 태우고 새 옷으로 갈아입었다. 그렇게 그는 작가가 되었다.

옛말처럼 겉사람은 낡아지나 속사람은 날로 새로워지니, 새롭게 바뀐 사람은 새 옷을 입어야 하는 것이다.

다른 분야의 일로 전업하는 경우에는 기존의 옷차림으론 '나'를 담기 어려울 수도 있다. 일에 맞춰 옷을 입다 보면 그 일에 잠식당해서 내 삶의 '나다움'을 잃기 때문이다.

나 역시 마찬가지였다. 박사 입학 후 얼마 안 되어서 패션 디자이너 생활을 접고 시간강사(프리랜서)를 했다. 패션 디자이너를 하다가 시간강사가 된 나의 생애 첫 강의는 취업과 학점에 예민한 4학년만 40명이 듣는 패션 브랜드 런칭 수업이었다. 그래서 강의 스킬 외에도 학생들을 휘어잡을 외적

나는 가끔 내 자신에게 묻곤 합니다.
'옷'이란 과연 무엇인가?
하는 질문이죠. 그때마다 저의 대답은 같습니다.
나를 나 자신일 수 있게 만드는 것이라고요.

지아니 베르사체 Gianni Versace

포스가 꼭 필요했는데, 왜소하고 어려 보이는 내 외모가 발목을 잡았다. 자존감에 '쨍' 하고 균열이 가는 기분이 들었다. 디자이너였을 때는 개성으로 여겨지던 내 외모가 한 순간에 핸디캡이 되었다. 내게 남은 최선은 옷으로 보완하는 것뿐이었다.

나이 들어 보이게 입을까?
세 보이게 입을까?
그냥… '나답게' 입을까?

정답이 없는 옷은 제쳐 두고 강의 스킬부터 신경 쓰자 싶어서 책 『명강의 노하우&노와이』를 집어 들었다. 읽다 보니 터널 끝에서 뻗어져 나오는 빛줄기와 가까워질 때 느끼는 안도감이 밀려왔다. 책은 새로운 시대의 강의실이 교수와 학생의 지적인 한마당이 되려면 권위주의는 없어져야 하지만, 교수를 얕잡아 보는 학생이 나오지 않도록 옷(정장)으로 학생과 교수 간의 안전거리를 두자고 제안했다.

벌떡 일어나서 기쁜 마음으로 옷장 문을 활짝 열었지만 곧 한숨이 터져 나왔다. 불과 몇 달 전까지 반짝이는 파티웨어 브랜드의 운영자이자 디자이너였던 내게 대학 강사에 어울릴 만한 '정장'이 있을 리가 만무했다. 사실 디자이너를 하는 동안에는 특별한 날을 빼고는 대부분 샘플 하다가 망한 옷, 불량이 되어 버린 옷만 골라 입고 사무실과 공장을 쳇바퀴 돌듯이 맴돌았다. 옷을 만드는 사람이었지만 그간 나는 옷에 있어서 늘 조연이었다. 나는 나를 잊고 살았고 그렇게 나를 잃어버렸던 것이다.

이대로 강단에 서야 한다니 두려움이 몰려왔다. 다리에 힘이 풀린 채 방바닥에 드러누워 버렸다.

동공이 풀린 눈을 굴리다가 책장 밑 칸의 『의상 사회 심리』라는 학부 전공서와 눈이 마주쳤다. 홀린 것처럼 꺼내 들고 책장을 넘기다 딱딱한 글 몇 줄에 내 눈은 총기를 되찾았다. 레온 페스팅거[Leon Festinger]의 말이었다.

> 자기개념과 일치되지 않는 이미지의 의복은 자기에 대한 모순된 정보를 제공하기 때문에 불편함과 어색함과 같은 심리적인 부조화를 경험하게 된다. 이를 피하기 위해 자기개념과 부합되는 의복 이미지를 추구함으로 일관성 있는 자기를 지속시키게 된다.

디자이너에서 강사로 하는 일이 달라지면 나 자신도, 입는 옷도 달라져야 하는데 그것을 놓치고 있었다. 자리를 박차고 일어나서 디자이너 때 입던 옷을 몽땅 옷장에서 빼 버렸다. 그리고 '나이 들어 보이게나 세 보이게'가 아닌 대학 강사이자 '나다운' 옷을 떠올리며 옷장을 다시 봤다.

선명한 다홍색 원피스가 눈에 띄었다. 다홍색은 나이를 가늠하기 애매하고 좀 튀지만 디자이너 출신 강사의 패션 브랜드 런칭 강의에는 어울렸다. 또 이 원피스를 입을 때면 늘 즐거운 일이 있었고 다홍색은 나를 돋보이게 해주는 색이었다. 그리고 블랙 롱 재킷을 집어 들었다. 블랙은 두려움과 처음이라는 어수룩함을 숨기기 제격인 색이고, 재킷(정장)은 신출내기 시간 강사에게는 갑옷 같은 아이템이기 때문이다. 겉으로 보이는 외모적 약점이 혹여 타인에게 실제로 약하다고 인식되어 버리는 것을 막아내야 한다.

사람은 환경에 적응하는 동물이지만, 주위 환경의 변화에 맞게 생김새를 변화시킬 수 없다. 카멜레온처럼 주변 환경에 맞춰서 몸의 색을 변화시키는 것을 보호색이라고 한다. 약점을 보완해 주고 역할이나 상황에 맞는 옷을 입는 것은 '나'를 지키기 위한 보호색이 된다. 직업이나 역할로 사람을 규정할 수는 없다. 하지만 자신의 사회적 역할의 변화에 따라 옷을 입지 않으면 심리적 부조화를 피하기 어렵다. 옷 입기로 환경 변화에 대응하며 외모적 약점이나 취약한 상황으로부터 안전거리를 확보하자.

몸의 색이 달라져도 카멜레온은 카멜레온이다. 옷을 달리 입더라도, 블랙 롱 재킷을 입어야 하더라도 그 안에 나다운 '다홍색'을 품고 있으면 된다. 그렇게 일관된 자기개념을 지속하는 가운데 '나다운' 옷을 입는다는 것은 곧, 내 삶을 위한 자존감을 입는 것이다.

내 안의 힘을 마주하는 시간

고대 철학자인 아리스토텔레스는 우리를 사회적 동물이라고 했다. 그런 우리에게 상처는 운명과 같다. 사회생활을 하면서 겪는 외적인 인재人災와 내적인 갈등에서 자존감을 보

'무슨 학자가 옷차림까지
일일이 신경 써야 하다니… 쯧쯧.'
맞습니다.
공부하는 학자가 옷차림에
신경을 써서야 안 되겠지요.
하지만 자신의 옷차림마저도
학생들에게 영향을 미친다는 점을 알기 때문에
옷차림에 신경(마음) 쓰는 것과
겉멋을 부리기 위해 옷차림에
신경(돈) 쓰는 것은 질적으로나
금전적으로나 상당히 다른 문제라고
생각합니다.

조벽, 『명강의 노하우&노와이』

호하고 키우기 위한 방법이 필요하다. 빅터 프랭클의 말처럼 '상황을 바꾸는 것이 더는 불가능할 때, 우리는 스스로를 변화시켜야' 한다.

자존감의 성장을 말할 때는 '자라다'가 아닌 '키운다'라고 쓴다. 자존감은 저절로 자라거나 높아지기 어려워 보살핌이 필요한데 '키우다'는 '크다'의 사동사로 주체가 남에게 행함을 받는다는 뜻이기 때문이다. 즉 자존감의 성장을 위해서는 '나'라는 존재가 주체적으로 스스로의 자존감을 키워내야 한다.

요즘 혼자서 밥을 먹고, 술을 마시는, '혼족' 라이프스타일이 보편화 되었다. 현대인들에게는 이 독립된 시간이 '나를 찾는 시간'이 되고, 치열한 일상 속 쉬어 가는 시간이 된다. 하지만 '혼밥'이나 '혼술'로 채워지지 않을 때도 있을 것이다. 그럴 때는 내면과 외면을 '먹이고 입혀' 자존감을 키워내는 '독립된 힐링의 시간'이 필요하다.

펄 S. 벅은 "내 속은 나 혼자만이 사는 공간이다. 그곳에는 마르지 않는 샘물이 늘 솟아난다"라고 했다. 자존감에 생기를 더하고 건강하게 키워내기 위해서 '혼감(혼자서 자존감 관리하기)'과 '자존감 스타일링'을 제안하고 싶다.

'혼감'은 '즐거운 고독solitude'이다. 세상과 사람이 친 철벽에 둘러싸여 상처받은 자존감을 위한 '즐거운 고독'이자, 오롯이 나만을 위해 혼자 툭 터놓고 대화하는 시간이다. 스트레스, 불안, 자괴감 같은 불량식품을 잔뜩 욱여넣은 감정의 체증을 달래는 것이다.

'자존감 스타일링'은 시선 폭력, 외모 폄하, 존재 부정처럼 살갗을 파고드는 혹독한 칼바람이 불 때면 '자존감'을 위한 옷을 골라 입혀주는 것이다. 패션 테라피, 히어로 티셔츠, 의사의 흰 가운처럼 몸에 걸치는 옷이나 외모 가꾸기로 자존감을 북돋아줘야 한다. 또한 상황에 맞는 스타일링으로 한층 업그레이드 된 모습을 스스로 연출하는 것이다.

자존감을 키우기 위해 오롯이 자신과 마주하며 스스로를 먹이고 입히는 이 혼자만의 시간은 가려지거나 잃어버린 내 안의 힘을 발견하는 과정이다. 허탕을 칠 때도 있겠지만 가만히 찾다 보면 반드시 마주하게 될 것이다. '나'를 찾기 위해서는 애초에 '나' 자신이 그 열쇠를 쥐고 있다는 점을 인지해야 한다. 쉬이 보이지 않더라도 스스로의 내면을 체크하는 시간을 천천히 보내다 보면 서서히 눈이 뜨일 것이다. 본래 내 안에 있던 자존감이라는 힘은 나를 보다 견고하게 '나답게' 만들어 줄 것이다.

당신만큼 당신을 잘 아는 사람은 없다.

셰릴 크로우 Sheryl Crow

2장

나를
들여다보는
시간 '혼감'

내면과 대화하는 시간

스스로의 자존감과 대화한다는 개념이 사실 좀 낯설 것이다. 자존감은 보이지도, 손에 잡히지도 않는 존재이니 말이다. 자존감과 대화한다는 것은 스스로 자존감의 상태를 점검하는 시간을 가지는 것이다.

그럴 때가 있다.

마음속 깊이 웃지 못하는 때,

주체할 수 없을 만큼 무언가 울컥할 때,

보잘것없이 하찮게 느껴져서 모든 게 무의미하고 공허할 때,

체한 것처럼 마음이 더부룩하고 감정이 메마른 것 같을 때.

이럴 때는 스스로 마음의 체증을 게워 내어 숨통을 트여 주고 해묵은 감정의 거품도 걷어내야 한다. 그러기 위해서는

스스로와 대화하는 시간이 필요하다.

자존감 테스트의 질문에 답하는 것을 대화 삼아서 혼감을 해보자. 긴장할 필요도 없고 심각할 필요도 없다. 내 자존감이 어떤 상태인지 살펴보는 것뿐이다. 자존감 테스트는 평상시에 느낀 그대로를 체크하는 게 제일 좋다.

첫 번째는 '로젠버그의 자존감 테스트'이다.

이 테스트는 사회심리학자인 모리스 로젠버그[Moris Rosenberg]가 개발한 것으로 참여자가 스스로를 얼마나 긍정적 또는 부정적으로 생각하는지를 알 수 있다. 이 테스트는 10개 문항을 읽어 보고 자존감의 정도에 따라 1~4까지 점수를 매기고 합산하면 된다. 1은 1점이다. 총점 30점 이상은 자존감이 높은 편이고 20~29점은 보통이라고 한다. 20점 미만은 자존감이 낮은 편이고, 10점은 상담이 필요한 수치라고 한다. 이 테스트는 가장 널리 쓰이는 자존감 테스트 중 하나이다.

두 번째는 '쿠퍼 스미스의 자존감 테스트'이다. 이 테스트는 자신의 내면과 외면, 가족과 사회 구성원으로 나누어 묻는 25개 문항으로 되어 있다. 질문은 1~4까지 점수를 매길 수 있도록 했다. 1은 1점이다. 총점은 최저 25점, 최대 100

표 1. 로젠버그의 자존감 테스트

항목	대체로 그렇지 않다	보통 이다	대체로 그렇다	항상 그렇다
1. 나는 내가 다른 사람들만큼 가치 있는 사람이라고 생각한다.	1	2	3	4
2. 나는 가끔 내가 꽤 좋은 품성을 가졌다고 본다.	1	2	3	4
3. 나는 좋은 자질을 여럿 가지고 있다고 생각한다.	1	2	3	4
4. 나는 대부분의 사람과 함께 잘 일할 수 있다.	1	2	3	4
5. 나는 스스로 자랑할 것이 많은 사람이라고 생각한다.	1	2	3	4
6. 나는 나 자신이 쓸모 있는 사람이라고 느낀다.	1	2	3	4
7. 나는 적어도 내가 다른 사람들과 평등하게 가치 있는 사람이라고 생각한다.	1	2	3	4
8. 나는 나 자신을 아끼고 존중하는 사람이다.	1	2	3	4
9. 결과적으로 나는 성공할 사람이라는 느낌이 든다.	1	2	3	4
10. 나는 긍정적인 마음으로 스스로를 대한다.	1	2	3	4
총점				

점이며 점수가 100점에 가까울수록 자존감이 높은 걸로 평가한다. 사회생활, 가족, 친구 같은 인간관계와 관련된 자존감과 개개인의 자존감에 대해 묻는 질문들로 구성되어 있다.

표 2. 쿠퍼 스미스의 자존감 테스트

항목	대체로 그렇지 않다	보통 이다	대체로 그렇다	항상 그렇다
1. 나는 나 자신이 다른 사람이었으면 한 적이 거의 없다.	1	2	3	4
2. 나는 여러 사람 앞에서 이야기하는 게 어렵지 않다.	1	2	3	4
3. 내게는 고쳐야 할 점이 별로 없다.	1	2	3	4
4. 나는 마음을 결정하는 게 어렵지 않다.	1	2	3	4
5. 나는 다른 사람들과 재미있게 잘 지낸다.	1	2	3	4
6. 내 가족 중에는 내게 관심을 가져주는 사람이 있다.	1	2	3	4
7. 나는 새로움에 쉽게 익숙해지는 편이다.	1	2	3	4
8. 나는 친구들과 잘 어울리고 인기도 있는 편이다.	1	2	3	4
9. 내 가족들은 내게 지나친 기대를 가지진 않는다.	1	2	3	4
10. 내 가족들은 내 기분을 대체로 잘 이해해주는 편이다.	1	2	3	4
11. 나는 늘 항상 쉽게 포기하지 않는 편이다.	1	2	3	4
12. 나는 남들보다 비교적 행복한 편이다.	1	2	3	4
13. 나는 주로 계획적이고 안정된 생활을 한다.	1	2	3	4
14. 대체로 사람들은 내 생각을 따라주는 편이다.	1	2	3	4
15. 나는 스스로에 대해 내세울 것이 많다고 생각한다.	1	2	3	4
16. 나는 집을 나가고 싶다는 생각을 해본 적이 거의 없다.	1	2	3	4
17. 내가 하고자 하는 일은 거의 뜻대로 된다.	1	2	3	4
18. 내 몸매와 외모는 멋진 편이다.	1	2	3	4
19. 나는 할 말이 있을 때 거의 대부분 하는 편이다.	1	2	3	4
20. 내 가족들은 나를 잘 이해해준다.	1	2	3	4
21. 나는 다른 사람들에 비해서 사랑을 많이 받는 편이다.	1	2	3	4
22. 내 가족들이 나를 미워하지는 않는 것 같다.	1	2	3	4
23. 나는 내가 하는 일에 늘 자부심을 느낀다.	1	2	3	4
24. 나는 모든 것을 그다지 어렵게 생각하지 않는다.	1	2	3	4
25. 나는 다른 사람이 의지해도 될 만큼 강한 사람이다.	1	2	3	4
총점				

이 테스트들의 결과는 우월과 열등을 가리는 것이 아니다. 자존감이 너무 낮거나 높은 경우 모두 현재 자존감 관리가 필요하다는 신호라고 보면 된다.

자존감이 너무 낮으면 자신을 과소평가하게 된다. 주변을 과하게 신경 쓰고 유독 자신의 부족한 부분에 전전긍긍한다. 칭찬도 잘 받아들이지 못하고 순간 좋아할 뿐, 그 감정이 아주 짧게 끝나 버린다. 실패에 대한 두려움이 커서 도전이나 시도를 이런저런 핑계로 회피한다. 자존감을 키우기 위해서는 자신을 믿는 연습을 해야 한다. 테스트 결과가 낮다는 것은 세상에 쉽게 흔들리고 방황할 가능성이 높다는 의미도 된다. 따라서 주기적으로 테스트를 하며 스스로를 살피는 게 좋다.

자존감이 지나치게 높으면 스스로를 과대평가한다. 또 과잉된 자기 신뢰를 갖기 쉽고 오만과 자만을 자신감으로 오인하기도 한다. 스스로의 오만함을 인정하지 못해서 타인을 무시하는 경향이 있고 남을 잘 배려하지 못한다.

이럴 때는 주관에 휩쓸리기보다는 상황을 객관적으로 보며 차분히 대응하면서 자존감을 조절하는 습관을 키워야 한다. 테스트 결과가 지나치게 높은 사람들은 스스로의 상태를 인정하지 못하는 경우가 많다고 한다. 자신을 몰아세우지 말고 다정한 시선으로 세상을 바라보는 마음을 갖자.

이렇듯 자존감 관리를 하며 건강히 키워내도 상처받을 때가 있을 것이다. 자존감에게 상처란 삶의 숙명과도 같아서 예방은 할 수 있지만 막을 수는 없다. 때때로 상처받지 않기 위해 스스로를 과대평가하거나 과신하는 사람도 있을 것이다. 늘 평가당하거나 미래가 불확실한 직업을 가진 경우에는 그게 그들만의 예방책일 것이다.

우리는 슬프고 외로운 날, 자존감이 흔들릴 때면 '나답지' 않은 행동을 하게 된다. 기쁘고 행복한 날에는 보이지 않던 나쁜 것들만 보이고 들릴지도 모른다. 사람은 누구나 그럴 때가 있다. 자존감을 품은 우리는 세상이라는 하늘 아래 자리 잡은 작은 나무와 같다. 푸른 하늘의 햇살과 순풍이 어루만져 주는가 하면 세찬 빗줄기와 바람에 뭇매를 맞는다. 자괴감이나 분노 같은 잡초에게 자리를 빼앗기기도 한다. 그럴 때면 잡초를 뽑고 쓰러진 나뭇가지에 지지대를 대고 흙먼지를 털어 그간 세상에 시달린 상처를 맞잡아 줄 손길이 필요하다. 하지만 우리의 상처는 부러진 나뭇가지처럼 눈에 보이지 않는다. 그러니 자존감과 대화하는 것처럼 이런 테스트를 하며 상태를 알아채고 돌봐줘야 한다.

자아 존중감은 자신에게
생각하는 능력이 있고,
삶의 과정에서 만나게 되는
기본적인 역경에 맞서
이겨낼 수 있는 능력이 있다는
자신에 대한 믿음이며,
자신이 가치 있는 존재임을 느끼고
필요한 것과 원하는 것을
주장할 자격이 있으며,
자신의 노력으로 얻은 결과를
즐길 수 있는 권리를 가지며,
스스로 행복해질 수 있다고 믿는 것이다.

나다니엘 브랜든 Nathaniel Branden

어쩌면 자존감은 이런 혼감의 시간을 계속 기다렸는지도 모른다. 건강한 자존감은 건강하게 유지하기 위해, 병든 자존감에게는 회복을 도와주는 그런 시간 말이다.

외면을 존중하기

몸은 자존감을 담는 그릇이라서 생김새에 대한 자기 만족도나 주변의 평가에 따라 내면에 자리한 자존감에도 영향을 주게 된다.

따뜻한 카페라테나 아이스 아메리카노를 담은 찻잔이 내용물의 온도에 따라 뜨거워지거나 차가워지듯이 우리 몸도 자존감의 상태에 따라 컨디션이 달라지는 것이다. 뜨거운 것을 차가운 그릇에 담으면 쉽게 식고 찬 것을 따뜻한 그릇에 담으면 미지근해진다. 자존감도 몸에 영향을 주지만, 몸의 만족도도 자존감에 영향을 미친다.

우리는 자신을 거울에 비친 그대로가 아니라 자신이 느끼거나 생각하는 신체 이미지(정신적인 상mental image)로 자신을 인지하고 평가한다. 이때 남녀는 서로 다른 관점으로 자신의 몸을 왜곡해서 본다.

보통 여자들은 자신의 몸을 과소평가하고 남자들은 자신의 몸을 과대평가하는 경향이 있다고 한다. 예를 들어서 같은 환경에서 정상 체중의 성인 남녀가 전신 거울에 자신의 몸을 비쳐 보면, 여자는 자신을 실제보다 더 뚱뚱하게 왜곡해서 보고 남자는 본래보다 더 근육질의 날씬한 몸매로 본다고 한다. 그래서인지 과체중인 여성들 중에서 일부는 비만 때문에 자괴감을 느낀다고 한다. 그런데 남자들은 이런 경우가 적다고 한다.

원인을 찾자면 여자는 아름다워야 한다는 과거의 사회 지배적 관념과 이를 노골적으로 표현해 온 대중 매체들의 영향으로, 외모에 대한 냉혹한 기준을 은연중에 세워 놓고 스스로를 압박하기 때문이다. 특히 SNS(페이스북, 인스타그램, 트위터 등)로 인해 더 왜곡되기도 한다. 본래의 모습을 미화하는 어플을 쓰거나 행복하고 멋진 모습만 공개하는 경우도 많은데, 그 자체가 나쁜 것은 아니다. 불특정 다수에게 공개된 곳이다 보니 다들 조금은 연출된 모습을 보일 수밖에 없다. 그러나 현실의 '나'와 가상의 '나' 사이의 괴리가 커질수록 자존감은 상처받기 마련이고 자신의 몸을 더 왜곡시켜서 보며 스스로를 타인과 비교하며 폄하할 수 있다.

혼감을 위해서 몸의 자존감도 테스트하며 챙기자. 이 테스트는 평상시 자신의 외모에 대해 느낀 그대로를 체크하면 된다. 가감 없이 솔직하게 체크하자.

'멘델슨, 멘델슨 & 화이트의 신체 존중감 테스트'는 세계 여러 곳에서 쓰이는 자존감 테스트로 내면적인 심리보다 외모, 몸무게, 상황 등의 외면적인 요소에 대한 느낌이 자존감에 어떤 영향을 미치는지 알아볼 수 있도록 고안되었다. 총 23개 문항을 읽고 그 정도에 따라 1~4까지 점수를 매기고 합산하면 된다. 1은 1점이다. 최저점은 23점이고 최고점은 92점이다. 이 테스트는 점수보다도 질문들에 답하며 우리가 자신의 몸을 어떻게 보고 있었는지를 깨닫는 게 더 중요하다.

팝스타 레이디 가가는 외모를 흠잡는 사람들에게 이렇게 말했다.

나는 내 몸이 자랑스럽다. 당신도 당신의 몸을 자랑스러워해야 한다. 당신이 누구든 무엇을 하든 자신을 사랑하기를 바란다.

표 3. 멘델슨, 멘델슨 & 화이트의 신체 존중감 테스트

항목	전혀 그렇지 않다	약간 그렇지 않다	약간 그렇다	아주 그렇다
1. 난 사진 속 내 모습을 좋아한다.	1	2	3	4
2. 사람들은 내 외모가 괜찮다고 생각한다.	1	2	3	4
3. 난 내 몸이 자랑스럽다.	1	2	3	4
4. 난 몸무게 조절에 몰두하고 있지 않다.	1	2	3	4
5. 난 내 외모가 취직하는 데 도움이 될 거라고 생각한다.	1	2	3	4
6. 거울에 비쳐지는 내 모습(몸)이 좋다.	1	2	3	4
7. 난 할 수 있어도, 내 외모의 많은 부분을 바꾸지 않을 것이다.	1	2	3	4
8. 난 내 몸무게에 만족한다.	1	2	3	4
9. 난 내가 더 나아 보였으면 좋겠다고 생각하지 않는다.	1	2	3	4
10. 현재 내 몸무게가 아주 마음에 든다.	1	2	3	4
11. 난 내가 다른 사람처럼 생겼으면 좋겠다고 생각하지 않는다.	1	2	3	4
12. 내 또래 사람들은 내 외모를 좋아한다.	1	2	3	4
13. 난 외모 때문에 속상하지 않다.	1	2	3	4
14. 난 대부분의 사람들만큼 외모가 괜찮다.	1	2	3	4
15. 난 내 외모에 꽤 만족한다.	1	2	3	4
16. 내 키에는 내 체중이 적당하다고 느낀다.	1	2	3	4
17. 난 내 모습을 부끄럽게 여기지 않는다.	1	2	3	4
18. 몸무게를 잴 때 우울하지 않다.	1	2	3	4
19. 난 내 몸무게 때문에 불행하지 않다.	1	2	3	4
20. 내 외모는 이성을 만날 때 도움이 된다.	1	2	3	4
21. 난 내 모습을 걱정하지 않는다.	1	2	3	4
22. 난 내 몸이 멋지다고 생각한다.	1	2	3	4
23. 난 내가 원하는 만큼 근사해 보인다.	1	2	3	4
총점				

그녀처럼 스스로에게 애정을 가지자. 능력, 지식, 천성, 인성, 얼굴, 키, 몸무게 따위가 아니라 그냥 존재 그 자체로 '나'는 '나'를 사랑해야 한다.

혼감을 둘러싼 문제들

3개의 테스트를 마치고 나면 문득 자존감에 관한 문제의 시작이 '나'라고 여겨질지도 모른다. 하지만 원인이 외부 환경인 경우도 많다. 삶이 복잡해지고 경쟁이 심화되면서 사람이나 삶에 대한 도덕적, 윤리적 부분의 옳고 그름의 경계가 모호하게 변질되었기 때문이다. 그럼에도 불구하고 우리는 뒤틀린 환경과 사회 속에서 계속해서 성장해야 하고 살아가야 한다.

자존감의 주변 환경을 점검하기 위해서 '5FORCE 모델-산업 구조 분석'이라는 방법을 응용한 5FORCE 자존감 모델(5FM)을 해보자.

5FM으로 크게 보면 자존감에는 적이 되는 공격자와 내편이 되는 공급자가 각각 외부와 내부에 있다.

외부에는 보통 비고의적, 고의적, 잠재적 공격자가 있다.

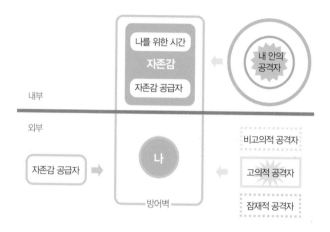

(공격자는 인물뿐만 아니라 단어나 장소일 수도 있고 계절이나 특정
일일 수도 있다.) 비고의적 공격자는 의도치 않게 우리를 힘들
게 하는 사람들이나 상황(잘나가는 지인, 명절날 어른들의 비수
같은 덕담, 커리어의 실패, 연인과의 이별)이다. 고의적 공격자는
자신의 원하는 바를 실현시키기 위해서 우리를 과도하게 힘
들게 하는 나쁜 사람이다. 잠재적 공격자는 가끔씩 불쑥불쑥
우리의 마음 상태에 따라 전혀 상관없던 부분(미디어, 사회적
이슈)이나 사람들(SNS, 유명인, 친구, 가족)에게 부정적인 타격
을 받는 것이다.

그리고 우리는 내면에 '내 안의 공격자'를 하나씩 가지고
있다. 이 공격자는 우리 자신에게, '최선이야? 이것밖에 못
해? 또 실패하는 것 아냐?' 같은 말을 내뱉는다. 이 공격자는
또 다른 '나'이기 때문에 애정이 전제된 채찍질을 하며 부정
적인 발언도 하고, 자기 객관화 같은 긍정적인 역할도 한다.
한마디로 병 주고 약 주는 묘한 공격자이다.

만약에 누군가에 의해 자존감이 침몰하는 배처럼 걷잡을
수 없게 낮아졌다면, 4명의 공격자 중에 가해자가 있을 것이
다. 혹자들은 '또라이 질량보존의 법칙'이라는 속된 말로 공
격자들에 대해 단념하라고 권한다. 세상 어디를 가나 상식을
벗어난 사람은 하나쯤 있고 자신 또한 그런 사람일 수도 있
다는 것이다. 이럴 때 우리는 멀찍이 떨어져서 '그러려니' 하
며 감정적 접근을 삼가야 한다. 쉽진 않겠지만 그래야만 한다.
'왜 그럴까' 하고 계속 생각하다 보면 닮아버리기 때문이다.

안나 프로이트는 이렇게 자신을 위협했던 공격자와 닮아
가는 것을 자기 방어기제 중 하나인 '동일시'라고 했다. 참

고로 그녀는 정신분석학의 창시자인 프로이트의 딸이자 아동정신분석의 전문가였다. 안나 프로이트는 『자아와 방어기제』에서 사람의 다양한 방어기제들(퇴행, 억압, 반동, 형성, 격리, 동일시 등)을 분류하고 체계화했다. 동일시 중에서 '적대자와 동일시'는 두려운 적대자를 골똘히 생각하며 자신이 적대자와 닮아가면 더는 공격받지 않을 것이라는 심리가 작용하면서 공포를 극복하는 것이다.

알코올 중독인 부모에게 학대를 당한 아이가 커서 똑같이 되거나, 시어머니에게 호된 시집살이를 겪은 이가 자신의 며느리에게 못되게 구는 것과 같다. '적대자와 동일시'는 적대자의 나쁜 면에 잠식당한 '내 안의 공격자'가 스스로 '방어벽'을 부수고 자존감에 적대자를 주입시켜 '나다움'이 사라지게 만드는 것이다. 가장 싫어했던 사람을 닮아가며 스스로를 잃는 것만큼 슬픈 일은 없다.

자신을 다 알기도 어려운데 적대자의 불합리한 면을 이해하려고 너무 깊게 고민하다 보면 누구나 '나'보다 적대자를 더 많이 알게 될 것이다. '적대자와 동일시'는 인간관계의 뒤틀림이 만들어낸 폭력적인 부산물이다. 자존감이 잠식당하지 않게 경계하며 옷에 묻은 먼지처럼 털어내자. 그렇게 온전히 나답게 존재하자. 세상에는 자신을 학대한 부모와 달리 건강한 정신으로 삶을 살아가는 이들이 있다. 나쁜 시집살이를 답습하지 않는 시어머니들도 있다.

모든 경험이 좋은 것은 아니다. 피할 수 있는 것은 피하는 게 좋다. 만약 피할 수 없는 적대자의 언어폭력이나 인격모독에 노출된다면, 철저하게 한 귀로 듣고 한 귀로 흘리며 절대로 마음에도 머리에도 남지 않도록 하는 습관을 가져야 한다. 타인이 우리에게 내린 부정적인 평가(첫인상)나 말은 옳고 그름을 떠나서 스스로를 좀먹기도 하기 때문이다.

UC 버클리의 배리 스토$^{Barry Staw}$ 교수는 조별 과제 피드백으로 실험을 했는데 A조에게는 칭찬을 하고 나머지 B조에게는 혹평을 하고 난 뒤에 과제에 대해 학생들이 직접 자신을 평가하도록 했다. 그러자 A조의 학생들은 자신을 긍정적으로, B조의 학생들은 스스로를 부정적으로 평가했다. 사실 A와 B조에 대한 배리 스토 교수의 공개 발언은 실제 과제의 점수와 무관했다. 학생들은 교수의 평가에 휘둘려 자신을 평

표 4. 5FORCE 자존감 모델(5FM)

내부	공급자	
	공격자	
외부	공급자	
	비고의적 공격자	
	고의적 공격자	
	잠재적 공격자	

가한 것이다. 즉 타인의 직접적인 부정적 평가나 말은 상대방의 자존감, 자존심, 자신감의 저하를 일으켜 실제로 그들의 객관적 판단 능력이 위축될 수도 있다.

자신을 둘러싼 환경에 어떤 자존감 공급자가 있는지 어떤 공격자가 있는지 5FORCE 자존감 모델로 정리해보자. '공격자들'과 더불어 사는 삶의 지혜를 터득하고 적대자를 만나게 된다면 감정적으로 차단하는 현명한 자기 방어를 꾀하자. 우리는 내부와 외부에 각각 '자존감 공급자'를 가지고 있다. 자존감을 마주하는 시간을 가지며 스스로를 북돋는 자존감 공급자가 되어 주자. 그리고 자존감을 단단하게 해 줄 외부의 좋은 것들(사람, 글, 운동, 예술, 먹거리, 여행 등)을 '자존감 공급자'로 삼아 나를 위한 '방어벽'을 견고히 하길 바란다.

내면과 외면의 온도를 조절하기

3개의 테스트와 5FORCE 자존감 모델을 마치고 나면 마음이 복잡하기도 하고 시원하기도 할 것이다. 우리의 생각하는 정신적인 '나'와 존재하는 육체적인 '나'는 내면과 외면의 온

표 5. 자존감의 온도 조절

자존감 테스트 기록하기(로젠버그&쿠퍼스미스)
너무 높다 / 딱 좋다 / 보통이다 / 별로다 / 관리요망
코멘트:

몸의 자존감 테스트 기록하기
너무 높다 / 딱 좋다 / 보통이다 / 별로다 / 관리요망
코멘트:

5FORCE 자존감 모델(5 FM) 기록하기
코멘트:

도를 공유한다. 그러니 주변 환경에 좌우되지 않게 부정적인 말이나 관념을 배제하고, 있는 그대로 나를 따뜻하고 친근하게 바라보면서 테스트 결과 느낀 점 그리고 자신에게 해주고픈 말을 쓰자. 타인이나 적대자가 했던 평가나 부정적인 말은 쓰지 말자. 그들의 평가와 판단에 따라 스스로를 칼날같이 평가하거나 폄하하지 말자. 그렇게 하면 자존감은 세상에 혼자 남겨진 기분일 것이다. 자존감의 온도를 조절하자.

얼마나 자신에게 애정을 가지고 있는지에 대한 자기반성과 위로를 하자. 내 몸과 마음을 있는 그대로 받아들여 주고 쉬게 하고, '힘들었겠다' 하며 알아주자. 만약 자신의 삶 속에 자존감 공격자만 존재하는 것 같다면 스스로가 자신의 열렬한 지지자가 되어주자.

혼감은 스스로와 대화하며 자존감을 홀로 외롭게 내버려두지 않는 습관을 들이는 것이다.

또 한 가지 추천하고 싶은 방법은, 정기적으로 '자존감 그래프'를 그리는 것이다. 그래프로 자존감의 상태를 표시하면 좀 더 변화를 알기 쉬울 것이다. '자존감 테스트'는 두꺼운 형광펜, '몸의 자존감' 테스트는 선으로 정리해보자. 여유가 없다면 첫 테스트에 비례해서라도 표시해두자. 자존감의 인생의 중심을 자기 내면에 두어라.
이기적이거나 배타적이지 않으면서도,
누구도 침범할 수 없는
평정의 상태를 유지하라.

에디스 홧턴

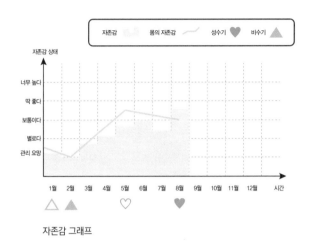

자존감 그래프

상태 주기는 '성수기'나 '비수기'로 기록한다. 이 혼감 그래프를 한 달에 한 번이나 3개월에 한 번 정도 해보면 어떨까? 적고 그리다 보면 오락가락하는 자신에 대해서 힌트를 얻을 수 있을 것이다.

자존감이 평온한 날도 있지만 아닌 날도 있다. 유독 견디기 힘든 달도 있고 에너지가 생기는 달도 있다. 그리고 사람마다 늘 그런 시즌이 있을 것이다. 학교 진학, 취업, 결혼, 가족, 돈, 성공 같은 문제 때문에 명절이나 동창회 같은 날에 사람들 만나기가 꺼려지거나, 이때 들은 말이나 시선들 때문에 힘들어 하는 것처럼 말이다. 자존감의 SOS 신호를 놓치지 말자. 이렇게 직접 손으로 쓴 기록들은 '나다움'을 찾고 관리하는 좋은 자양분이 되어 줄 것이다.

자신만의 오롯한 빛남과 누구나 가진 어두운 구석은 따스한 햇살 아래 그림자가 지는 것같이 자연스러운 명암明暗의 하나이다. 낮과 밤처럼 조화로울 수 있도록 자존감의 빛과 어두움을 들여다보며 조율하길 바란다.

| 3장 |

워라밸을 위한
'자존감 스타일링'

자존감 스타일링이란

인터넷만 검색해도 내면의 자존감을 관리하는 좋은 방법들이 쏟아져 나온다. 하지만 가끔은, 혼자서 마음속을 들여다보는 것만으로 되지 않는 시기가 있다. 그럴 때면 자존감은 괜찮아진 것 같다가도 갑작스런 풍파에 예전 상처가 쉽게 곪아 버린다. 자존감 스타일링은 외모 가꾸기나 옷이 가진 힘을 빌려 스스로를 어여삐 여기도록 만들어서 자존감에 보탬이 되고자 한다. 또한 내면을 스스로 치유하기 위해 걸리는 시간과 비교할 때 전환이 빠르다는 장점이 있다. 향수를 찾아 뿌리거나 긴장을 이완시키는 잠옷을 입는 데는 채 1분도 걸리지 않는다.

물론 일과 삶에 찌들어 시큼한 피클처럼 쪼그라들 때면

생각하는 대로 살지 않으면
사는 대로 생각하게 된다.

폴 발레리|Paul Valery

씻는 것조차 사치로 느껴지고 마음이 힘들 때면 외모를 챙길 여력조차 없다. 이런 상황이 반복되면, 어느 날 마주한 거울 앞에 갑자기 나타난 낯선 자신 때문에 서글퍼질 것이다. 살짝 거슬리던 외모 콤플렉스는 더 부각되어 보일 것이다.

자존감 스타일링은 자신이 생각하는 '나다움'이 인생에 마모되어 어쩔 수 없이 낡아지거나 노화되더라도 그 속도를 늦춰주는 브레이크가 될 것이다. 외모 콤플렉스나 면접처럼 스타일링 자체가 필요할 때는 변화와 기회를 위한 액셀러레이터 역할도 할 것이다.

혼감이 자존감과 대화하는 것으로 내 안의 힘을 찾는 것이라면, 자존감 스타일링은 내 안의 힘을 고취시키고 더 건강하게 만드는 지지대를 갖추는 시간이다.

그렇게 자존감 스타일링이라는 새로운 방법을 받아들인다면 조금은 유유자적하면서 자신과 타인, 그리고 세상을 내가 생각하는 바와 가깝게 마주할 수 있을 것이다. 이 소소한 노력은 헐벗은 우리 자존감에게 주는 맞춤복 같은 선물이다.

자존감 스타일링 Q&A

자존감 스타일링은 안타깝게도 수학 공식처럼 딱 떨어지게 설명하기는 어렵다. 글이라는 매체의 한계도 있지만 더 큰 이유는 저마다의 자존감 상태, 개성, 취향, 성별, 나이, 직업, 상황이 다르고 유행 따라 수많은 뷰티와 패션 아이템이 전 세계에서 쏟아져 나오기 때문이다. 그래서 '어떻게'보다 '원리'에 초점을 맞춰 가상의 사례를 소개하고 개선 방향을 곁들이는 Q&A 방식을 취하였다.

Q&A에서 그간 쌓은 옷 입기와 자존감에 대한 지식과 정보 그리고 탐구하고 깨달은 바를 더해서 전하고자 한다. 자존감 스타일링은 작게는 향기를 맡거나 신발이나 옷을 고르는 것에서부터 외모 콤플렉스나 옷차림에 얽힌 문제와 상황에 대처하는 관점을 세우는 것까지 아우른다. 자존감 스타일링은 옷으로 자존감을 추스를 수 있는 시간과 공간을 마련하고, 타인과 주변을 알아 가며 서로를 보듬을 수 있는 시선도 길러 줄 것이다.

Q&A를 통해 외모와 자존감의 낡은 관념을 벗어버리자. 노력도 종종 배신을 한다는 표현이 있다. 하지만 정확하게

말하면 우리 안의 고집스런 관념에 배신당한다는 의미가 아닐까. 세상은 너무 빨리 바뀌고 우리는 이런 변화에 대처하기보다는 안주하는 게 편하기 때문이다. 자존감을 위한 스타일링이라는 색다른 관점으로 뻣뻣하게 굳은 나를 부드럽게 풀어주고 '한번 걸쳐나 보자'는 생각의 변화를 시작해보자. 자존감 스타일링 Q&A는 크게 5가지로 나뉘어져 있다.

- 첫인상 스타일링
- 업그레이드 코디법
- 마이웨이 스타일링
- 변화에 스타일로 대처하기
- 마음을 보듬는 스타일링

찬찬히 읽어 보며 따라해 보면 좋겠다. 단번에 되지 않더라도 '자존감 스타일링 Q&A'를 보며 조금씩 시도하다 보면 본연의 매력을 찾을 수 있을 것이다.

젊은이가 꾸미는 것을 비웃지 말라.
그는 그저 자신의 얼굴을 찾기 위해서
하나하나 차례로 걸쳐 보고 있는 것이다.

로건 피어설 스미스

첫인상으로 판단 당하다는 것

Q. 첫인상을 대하는 자세

'좀 잘 챙겨 입고 가야 할 것 같아.'

평소 외모에 관심이 없는 룸메이트 형이, 이번 주말에 입을 옷을 미리 걸쳐보던 내게 한 말이다. 호텔에서 열리는 소규모 강연회에 토론자로 참석하는데 난 평소처럼 티셔츠에 청바지를 입고 가려고 했다.

'이 재킷 빌려줄게 입고 가. 그래도 처음 보는 사람들 앞에 서는데…. 응? 재킷만 걸쳐도 예의는 차린 것 같으니깐.'

형의 마음이 고마워서 마지못해 알았다고는 했지만, 굳이 꼭 이래야 할까? 왜, 옷을 잘 입어야 할까? 왜 격식을 차려야 하지? 예쁘거나 멋있게 보이기 위해서?

A. 첫인상이 가진 힘

영국 옥스퍼드 대학교에는 졸업식 때나 입는 학교 가운을 정장 위에 덧입은 학생들이 함께 저녁식사를 하며 교류를 하는 전통이 있다. 영화 〈해리포터〉의 호그와트 마법학교에서 나오는 저녁식사 풍경과 비슷한데 실제로 옥스퍼드의 이 전통을 본뜬 장면이라고 한다. 귀족과 평민이 존재하는 영국에서 같은 옷을 입고 식사하는 것은 시각적 평등을 고취시킨다. 개개인의 다양한 배경을 넘어 서로 평등한 입장에서 소통하기 위한 도구로 옷이 선택된 것이다.

눈에 보이는 대로 판단하고 짐작하는 선입견과 첫인상 때문에 우리는 '나답지' 않은 '나'로 오인될 수 있다. 이러한 첫인상의 무서운 점은 첫인상이 대개 본 지 3초 안에 결정된다는 데 있다. 미국의 뇌 과학자 폴 왈렌Paul J. Whalen은 우리의 뇌는 보통 새로운 사람을 만나면 0.1초 안에 호감과 신뢰를 형성한다고 주장한다. 첫인상을 평가할 때 뇌는 외모 – 목소리 – 어휘 순으로 중요도를 판단한다.

사람들은 암묵적으로 첫인상과 실제 사람의 됨됨이에 차이가 있다는 것을 알지만 뇌가 3초 안에 형성한 첫인상의 오류를 쉽게 바꾸지 못한다. 그 이유는 첫 정보량의 200배에 달하는 정보가 있어야만 이미 형성된 첫인상이 바뀌기 때문이다. 폴 왈렌 교수는 이렇게 말한다. "좋은 첫인상을 남길 수 있는 기회란 결코 두 번 다시 오지 않는다."

문제는 첫인상의 힘을 제대로 알지 못한 채 입은 옷이나 언행 때문에 피해를 볼 수 있다는 것이다. 실제로 이런 첫인상의 영향력을 '천사 효과(긍정)'라고 부른다. 천사 효과에는 초두 효과와 후광 효과가 있는데, 사회 심리학자인 솔로몬 애쉬Solomon Asch가 말한 초두 효과는 똑같은 내용의 말을 순서만 바꿔서 설명했을 때 사람들은 긍정적인 말을 먼저 하는 경우를 더 좋게 평가하는 경향을 일컫는다.

심리학자인 손다이크Edward Lee Thorndike의 후광효과는 군인들의 역량 평가를 통해 알려진 개념이다. 군 지휘관들은 단정하고 좋은 체격의 군인을 똑똑하고 리더십이 좋을 것이라고 판단했고, 그렇지 않은 군인들은 역량이 낮다고 평가했다고 한다. 실제 역량을 평가하는 데 겉모습(첫인상)이 영향을 준 것이다.

군복무늬(카모플라쥬camouflage)의 위장색처럼 옷으로 차이를 구분할 수 없게 만들어서 차별로부터 자신을 보호하는, 외형적 평등의 질서를 만들자. 혹자들은 SPA 브랜드(ZARA, H&M, UNIQLO)를 '패션 민주주의'라고 부른다. 여러 가지 문

자존감을 위해서 옷을 입는 것은
사치가 아닌 선택이며
스스로에 대한 배려이다.

박소현

제점도 있지만 소비자들에게 디자인의 평등을 제공한 것만은 분명하다. 우리의 자존감에게도 평등의 질서를 옷으로 선택하게 해주자. 보이는 게 전부는 아니지만 때때로 본때를 보여 줘야 할 때도 있다. 세상이 우리를 무시하거나 차별할 수 있는 일말의 여지도 주지 말자.

외면의 모습을 방치하지 않고 첫 만남의 태도나 옷차림에 신경을 써야 한다. '나는 원래 그래'라는 말은 상대방에게 배려와 이해를 강요하는 자기합리화가 될 수도 있다. 자유의 상징이었던 가수 재니스 조플린$^{Janis Joplin}$은 이렇게 말했다.

자신과 타협하지 말라.
당신은 당신이 가진 전부다.

첫인상과 자존감에 대해 '나는 원래 그렇다'며 자신과 타협해 버리면 자신에게 등을 돌리는 것과 같다. 스스로를 외면하거나 고집부리지 말자.

삶은 끊임없는 관계의 연속선상에 있고, 우리는 좋든 싫든 그 속에서 살아가야 하는 필연적 존재이다. 사회학자 어빙 고프만$^{Erving Goffman}$은 사람들은 여러 관객들이 있는 무대

위에서 다른 모습의 '가면'을 쓰고 그 역할에 맞게 행동하면서 관객의 반응을 통해 '나'의 이미지를 형성해 나간다고 말했다. 첫인상 관리 또한 내가 원하는 사회적 상황에 맞는 가면을 쓰고 역할을 행하면서 눈앞의 상대에게 내 이미지를 관철시키는 행위일 수 있다.

소통의 위장색이 되는 옷으로 스스로에게 예의와 격식을 갖추고 '외적 평등'을 위해 자신을 배려하는 것이, 처음 누군가를 만나는 자리에서 우리가 첫인상을 위해 타협하지 말아야 할 점이다.

존재감을 위한 첫인상 뒤집기

Q. 투명한 존재감

'걔한테 넘겨. 그… 존재감 없는 애!'

내가 종종 스치듯이 듣게 되는 말이다. 그렇다. 나는 존재감이 없다. 그래서 저렇게 무시당하는 걸 알면서도 거절하면 더 외면당할지 몰라서 싫은 일도 떠맡곤 한다. 내색도 못하고…. 이미 존재하고 있는데 존재감이 없다니 투명인간이 된 기분이다. 영화처럼 시간을 거슬러 올라가 이들을 처음 만났던 순간을 바꾼다면 달라질까?

A. 첫인상을 뒤엎어 버리자.

때때로 자존감에 경고등이 들어올 때가 있을 것이다. '가만히 있으면 가마니로 본다'는 말처럼 미약한 존재감으로 홀대를 당할 때이다. 그 어느 누구도 우리를 함부로 할 권리는 없지만 얕잡힌 상태로 시작된 관계의 전세를 뒤집기란 쉽지 않다.

그럴 때는 스타일에 변화를 줘서라도 '첫인상 뒤집기'를 하자.

첫인상에는 '최신 효과'와 '빈발 효과'가 있다.

최신 효과는 첫인상 후에 가장 최근에 상대방에게 남긴 나의 인상이나 정보로 첫인상이 바뀌거나 새롭게 재인식되는 것이다. 빈발 효과는 지속적으로 진솔한 모습을 보이면 나쁜 첫인상이 바뀔 수 있다는 것을 말한다. 이 경우에는 약한 존재감을 강하게 연출하는 것이지만!

자존감을 위해 첫인상을 관리하는 것은 낯선 세상 앞에 홀로 선 자신을 애정을 가지고 보호하며 직접 소개하는 최적의 행동이다.

예를 들어 머리부터 발끝까지 피어싱과 블랙으로 꾸미는 '고스족'이나 빨간 립스틱에 화려고 파워풀한 옷을 입은 사람을 보면 슬쩍 비켜서게 된다. 십 대 청소년의 진한 화장은 어리다고 무시하지 말라는 경고문처럼 보이기도 한다. 그들의 옷이나 화장은, 자신의 존재를 표출하며 자존감이 상처받지 않도록 보호한다. 수수하던 이가 갑자기 이렇게 나타난다면 그 첫인상은 금세 뒤바뀌게 된다. 이러한 스타일링은 고슴도치의 가시 같은 기능을 한다.

고슴도치의 가시는 진화의 산물이다. 사람이나 상황 때문에 혹은 타고난 성향 때문에 존재감이 약하고 자존감이 낮아질 때면, 때때로 언어가 아닌 시각적 자극으로 선수를 쳐야 할 때가 있다. 뾰족한 가시 같은 스터드가 박힌 옷이라도 입어서 스스로를 위한 시각적 방어를 하자. 그렇게라도 존재감을 입자. 어머니들이 괜히 동창회에 가실 때 무리해서 꾸미시는 게 아니다. 그것도 어머니 자신을 보호하기 위한 고슴도치의 가시다.

로마가 하루아침에 이루어진 것은 아니나, 로마는 하룻밤 만에 불길에 휩싸이기도 했다. 하나씩 천천히 시도하는 것도 좋지만 전혀 다른 존재감을 드러내고 싶다면 스타일 변신을 하는 것도 좋다.

　주저하지 말고 빨리 시도하자.

　자신을 함부로 대하는 이들을 오래 방치하다 보면 자신이 그럴 만하다는 생각에 잠식당할 수 있다. 사람은 늘 주변의 영향을 받기 때문이다. 주 UN 싱가포르 대사였던 키쇼어 마무바니는 '아시아가 겪은 가장 고통스러운 일은 물리적 식민화가 아니라 정신적 식민화였다'라고 했다. 물리적으로 보이는 외모의 가시로 정신을 지키자. 이런 눈에 띄는 스타일링 변화는 주변의 트집 잡기 좋아하는 이들의 오지랖을 자극할지도 모른다. 하지만 삶에 불이익이나 타인에게 혐오감을 주지 않는 적정선에서 존재감을 드러내는 외모 꾸미기는 '나'를 위해서 필요하다.

　'오지라퍼'들이 볼 수 있도록 가시를 장착하고 고개를 빳빳이 들어 눈을 맞추며 그들의 뇌리에 새 첫인상을 꽂아주 절대로 고개 숙이지 말라.
늘 고개를 쳐들어라.
세상을 똑바로 쳐다보라.

헬렌 켈러

자. 내 자존감의 보호자는 그들이 아닌 '나'이다.

육하원칙 스타일링

Q. 첫 면접 때 뭐 입지?

곧 수시 면접이다. 나의 일생일대 순간인데, 도대체 뭐 입지? 난생처음 보는 면접관들이 내 인생의 전환점을 만들지도 모른다니 속이 타들어 간다. 뭘 입고 가느냐는 사실 별게 아닐 수도 있다. 하지만 그 많은 응시생들 중에 꼭 내가 뽑히고 싶으니까! 디테일한 것까지 고민하게 된다. 첫인상이 좋아 보이려면 뭘 입어야 하지? 어떻게 하지?

A. 첫인상은 나의 예고편이다.

많은 사람들과 공존하며 살아가는 데 있어 첫인상 관리는 아무리 강조해도 지나치지 않다. 학업이나 직업과 관련된 '면접' 때는 특히 더 신경이 쓰일 것이다. 이럴 때는 3초라는 찰나의 순간에 형성되는 외면(첫인상) 자체를 칭송하거나 탓하기보다는 잠재된 가능성이나 미처 드러나지 못한 장점을 시각적인 정보로 전환해서 상대방에게 제공한다고 생각하자.

우리는 탐정 셜록 홈즈처럼 상대의 첫인상을 판단하기 위해서 단서를 찾아 추리하고 해석한다. 댐허스트[Damhorst]는 사람이 외모를 보고 상대방의 첫인상을 형성할 때 그의 성격, 사교성, 기분, 능력, 권위, 지적 능력뿐만 아니라 사고의 폭과 유연성이라는 실로 다양한 측면을 추론한다고 주장했다. 리브슬리와 브룸리[Livesley & Broomley]는 이런 인상 형성을, 단서의 선택 – 해석적 추론 – 확장된 추론 – 예측 행동 순으로 정리했다. 즉, 첫인상은 우리가 상대방에게 준 단서(신체, 옷, 목소리)에서 시작된다. 그들은 우리가 입은 옷을 보고 마치 영화의 예고편처럼 전체 내용(나)의 힌트를 얻는 것이다.

또한 옷에는 '만든 이'와 '입는 이'의 미적 관점이 담긴다. 여기까지는 우리의 선택이지만, 이를 접하는 '보는 이(상대방, 사회 등)'가 어떤 관점이나 미적 태도를 가지고 해석할지는 우리가 선택할 수 없다. 그러니 옷차림으로 첫인상이라는 예고편을 스타일링할 때는 '보는 이'의 관점도 반드시 고려해야 한다.

런던 정경대학교의 캐서린 하킴[Catherine Hakim] 교수는 현대의 4가지 자본 중 하나로 매력 자본을 꼽았다. 외모가 자본

표 6. 육하원칙 스타일링 차트

		상대방	나
			체크 포인트
누가	역할	면접관 교수, 입학사정관	고3
	특징	40~60대 남녀 5명	남 19세, 보통 키와 몸, 얼굴 평범
언제	시간	20××년 12월 ×일 ×요일 11시 00분	
어디서	장소	○○시 ○○구 ○○동 ○○대학교 ○층 ○호 지하철 ○호선 ○번 출구, 도보 10분	
	설명	면접관 5명, 학생 5명인 그룹 면접 전체 면접자는 80명 정도(예상 합격자 10명)	
무엇을	목적	신입생 선발	○○대학교 ○○과 입학
	목표	우수한 학생 선별	면접 고득점
어떻게	신체		여드름 커버, 머리 손질, 단정하고 스마트한 인상, 미소 필수
	옷차림	학생의 능력, 자질, 성격, 태도, 가능성 평가	콘셉트: ○○대학교 신입생 스타일: 단정한 캐주얼 색상: 회색과 베이지 옷: 셔츠와 카디건, 면바지, 코트(뱃살 커버)
	목소리		원래 목소리보다 낮고 분명한 발음으로 말한다. (말이 빨라지면 안 됨)
	태도		허리를 펴고 착석(다리를 떨면 안 됨)
왜	의도 특징	학교 인재상에 맞는 신입생 선발	보기보다 공부 잘한다며 놀라는 사람이 많음. 무표정하면 화나 보임.(장점 드러내기!)
피드백		엄마: 남색 코트 입고, 회색은 입지 말 것. 얼굴이 칙칙해 보인다. 운동화 빨아 놓은 것 신고 갈 것. 선생님: 피어싱 자국은 가리고 갈 것. 친구: 당황하면 시선 피하는 버릇을 자제할 것.	

타이틀: 차분하고 자기 생각을 잘 표현하는 호감형 학생

으로 해석되는 현대에서 첫인상과 옷차림을 챙기는 것은 유난스러움이 아닌 나만의 전략적인 자산 관리이기도 한 것이다.

'육하원칙 스타일링 차트'의 예시를 참조하며 육하원칙 (누가·언제·어디서·무엇을·어떻게·왜)에 맞춰서 상황과 등장인물들을 고려해 나만의 첫인상 예고편을 떠올리면서 스타일링을 하자. 혼자서 하기 어렵다면 주변의 피드백을 받자. 체크포인트를 활용해서 요점만 정리하는 것도 좋다

좋은 첫인상은 특별히 실수하지 않는 한 영어시험 성적처럼 갱신할 필요가 없다. 앞으로 끊임없이 만나게 될 인연의 첫 단추를 좋은 인상으로 꿰길 바란다.

그 인연들은, 우리의 삶을 풍요롭게 하는 토대가 되어 줄 것이다.

신발에 묻어나는 나

Q. 뒷굽에 드러나는 것

신데렐라의 유리 구두나 좋은 신발을 신으면 좋은 곳으

로 데려다 준다는 말 때문인지 나는 가끔 무리를 해서라도 예쁘고 좋은 신발을 산다. 그래서 최대한 곱게 신으려고 노력을 한다. 그러다 보니 신발장에는 오래됐지만 예쁜 신발들이 꽤 많다. 그중 유독 행운이 따르는 신발도 있다. 중요한 일이 있을 때면 든든한 지원자 같아서 아껴서 신는데 오늘 신고 나가서 걷다 보니 뒷굽이 닳아서 급하게 구둣방을 찾아갔다.

구둣방 아저씨가 신발을 보시더니 '아가씨가 차분하고 물건 아껴서 쓰는 성격인가 봐? 신발이 5~6년은 족히 됐는데 참 곱게 신었네'라고 하셨다. 너무 신기해서 신발로 사람도 알 수 있냐고 여쭸더니 아저씨께서는 신발에 다 티가 난다고 하셨다. 정말 그럴까?

A. 신발이 주는 힌트

신발로 그 사람을 알 수도 있고, 신발에는 첫인상도 있다. 실제로 신발의 첫인상과 성격의 관계를 실험한 '신발을 근거로 보는 첫인상Shoes as a source of first impressions'의 결과를 소개한다.

이 연구는 우선 참여자 208명(18~55세 남녀)의 신발 208켤

레를 보고 그들의 성별, 나이, 수입, 정치 성향, 사회적 지위, 성격(내성적, 외향적, 보수적, 개방적), 정서적 안정성 등을 관찰자인 남녀 대학생 63명에게 추측하게 한 후에, 참여자 208명의 실제 성격과 프로필에 대한 온라인 설문지 결과와 비교했다. 관찰자들이 추측한 결과는 온라인 설문지 결과와 90퍼센트 가까이 일치할 정도로 정확했다. 관찰자는 값비싼 구두는 고소득자, 화려한 색의 신발은 외향적 사람, 새 것은 아니지만 곱게 신은 신발은 양심적인 유형으로 추측했다. 또한 실용적인 기능성 신발은 상냥한 사람, 앵클부츠는 공격적인 성향, 좀 불편해 보이는 신발은 차분한 사람으로 봤다. 애착 불안이나 대인관계에 신경을 쓰는 사람들은 자주 신는 신발도 새것처럼 관리가 되어 있다고 했다. 연구자는 이렇게 말한다.

신발은 착용자에 대한 유용한 정보의 한 조각이다. 신발은 실용적인 목적을 지닌 상징적인 메시지로 비언어적인 단서의 역할을 한다. (중략) 신발에는 엄청나게 다양한 스타일, 브랜드, 기능이 있다. 이 다양성 때문에 신발은 개개인의 차별적 정보가 된다.

그 사람이 신은 신발을 보면
어디에서 왔는지 무엇을 했는지 알 수 있다.

영화, 〈포레스트 검프〉 중에서

방송인 남희석 씨가 한 TV 프로그램에 출연해 결혼 전에 아내의 낡은 신발을 보고 마음을 빼앗겼노라고 말한 적이 있다.

'아내의 신발 뒤축을 보고 반했다. (집에) 신발 벗어 놓고 들어가는 것 보니까 신발 뒤가 심하게 닳아있었다. 그 낡은 신발을 봤는데 왠지 너무 좋았다.'

그는 인생을 함께할 동반자가 검소하길 바랐던 것 같다. 그는 '지금도 아내는 일 년에 만 원짜리 티셔츠 몇 장 사는 것이 전부일 정도로 검소하다'는 말을 덧붙였다. 자신이 배우자에게 바라는 성향이 신발의 낡은 뒤축에 담겨 있었다. 그 신발이 드러낸 첫인상은 실제 성격과 어느 정도 일치하는 점이 있다.

인디언 속담에는 "누군가를 평가하려면 먼저 그 사람의 신발을 신어 보라"는 말이 있다. 신발이 착용자에 대해 많은 것을 알게 해 주는 물건이기 때문이다. 그것이 겉모습이든 착용감이든 말이다.

직접 골라 신은 신발은 자신에 대한 유용한 정보의 한 조각이 되며, 첫인상과 자아도 묻어 있다. 신발을 보는 것은 신는 사람의 내면을 들춰보는 것과 비슷하다. 물론 100퍼센트 정확한 것은 아니겠지만 말로 표현할 수 없는 상황이라면 신발로 자신을 드러내자.

첫 만남에서 잘 보이고 싶다면 새것처럼 잘 관리한 신발을, 처음부터 나에 대한 힌트를 주고 싶다면 자주 신어 조금 닳았지만 편안한 신발을 신고 나가자. 신발로 당신을 알 수도 있고 당신을 신발로 보여 줄 수도 있다.

나만의 아우라 만들기

Q. 아우라는 어떻게 만드는 걸까?

솔직히 옷을 잘 입는 것에 관심이 없다. 잘 맞고 가격이 적당하면 사는 편이다. 그러다 축제에 줄무늬 티셔츠와 청바지를 입고 갔다가 당황스러운 일을 겪었다. 나와 비슷한 옷을 입은 사람들을 가는 길에서 두어 명, 그 축제 여기저기에서 어림잡아 열 명 정도를 본 것이다. '나'라는 존재가 갑자기 흔해빠진 물건같이 느껴졌다.

집에 돌아가는 길에 나와 같은 스타일링을 한 사람을 또 마주쳤다. 비슷한 키와 차림인데 그 사람은 뭔가 달랐다. 아우라가 느껴졌다고나 할까? 나도 그렇게 될 수 있을까?

A. '아우라'라는 멋스러움과 존재감

간혹 나와 비슷한 옷을 입은 사람들과 마주친다. 그런데 비슷하면서도 미묘하게 다른 한끗 차이를 내뿜는 이들이 꼭 있다.

그것을 아우라^Aura라고 한다. 아우라는 흉내 내거나 따라 할 수 없는 기운이나 분위기가 서려 있는 것을 말한다. 철학자 발터 벤야민^Walter Benjamin의 예술 이론에서 나온 개념으로 현재는 개성이나 존재감의 느낌으로 쓰인다.

옷이 주는 아우라의 최고점은 패션쇼이다. 패션쇼를 위해서 디자이너와 관계자들은 컬렉션(옷)에 맞는 무대 디자인, 배경음악, 모델 워킹, 스타일링을 계속해서 조율한다. 패션쇼를 벤치마킹하자. 스타일링을 바꾸는 방법만으로는 또 다른 비슷한 차림의 사람을 만나는 악순환이 반복될 것이다. 악순환의 고리를 끊기 위해서 딱 두 가지만 생각하면 된다. 걷기와 듣기다.

첫째, 원하는 이미지를 상상하며 스타일링을 한 다음에 거울 앞에서 걸어보자. 마릴린 먼로는 걸음걸이로 성공한 스타이다. 그녀는 번번이 영화사에서 퇴짜를 맞곤 했는데 하이힐의 한쪽 굽을 1센티미터 정도를 자른 채 요염한 걸음걸이를 연출하면서 성공 가도를 달리게 되었다. 실제로 영화 속 그녀는 관능적인 움직임과 걸음걸이로 스크린을 압도한다. 나만의 진한 아우라을 원한다면, 그에 맞게 걸어보자.

멋지게 차려입어도 구부정한 자세로 힘없이 걸으면 빛을 발하기 어렵다. 패션쇼에서 모델들은 옷, 무대, 음악에 맞춰 워킹에 변화를 주며 아우라를 뿜어낸다. 래퍼처럼 입고 직업군인처럼 걷는 건 이상하다. 옷을 입었다면 그 옷의 스타일에 맞게, 원하는 이미지가 있다면 그 이미지와 어울리게 걸어야 한다는 말이다. 그렇게 자신이 입고 걷는지 거울 앞에서 체크하자.

둘째, 원하는 이미지를 상기시켜줄 나만의 배경 음악을 머릿속에 틀자. 모든 패션쇼에는 음악이 나온다. 이 배경 음악은 모델의 워킹과 옷의 느낌을 극적으로 강조하며 쇼를 그 브랜드만의 아우라로 채우는 소금 같은 역할을 한다. 자신이 원하는 바나 이미지에 맞는 가사 또는 템포가 있는 음악을 고르자. 뮤직비디오도 좋다. '연애를 글로 배웠어요'처럼 뭐든 글로만 배우면 실전에 대입하기 어렵다. 원하는 이미지도 걸음걸이도 그럴 수 있다. 암기과목을 외울 때 운율에 맞춰서 외우면 더 잘 되는 것처럼 음악을 활용하자.

개인적으로 마케팅 일을 할 때면 올 세인트$^{All Saints}$의 〈네버 에버$^{Never Ever}$〉를 나만의 배경 음악으로 머릿속에 틀어 둔다. 그리고 일할 때 입을 옷을 고른다. 가사처럼 헤어진 연인을 붙잡는 마음으로 애정을 가지고 소비자에 대한 경우의 수를 고려하고 프로세스의 A부터 Z까지 체크한다. 그리고 뮤직비디오 속 충격 순간을 가로지르는 가수들처럼 흔들림 없이 초연한 이미지와 걸음걸이를 가지려고 노력한다.

아우라는 쉽게 생기지 않지만, 음악은 우리의 감성이나 패션 센스를 증폭시켜 준다. 좋은 스타일링 팁도 입는 사람이 소화할 수 없다면 아무리 멋져도 아우라가 묻어나진 않는다. 그 장소에 들어간 나를 떠올리며 원하는 이미지에 맞춰 스타일링을 하고 머릿속에 배경 음악을 플레이 한 채 걸어보자. 그렇게 글로 접한 것을 보이는 아우라로 바꿔가자.

옷을 못 입는 나

Q. 촌스러움이 뭘까

난 어떻게 옷을 입어야 '잘' 입는 건지 감을 못 잡겠다. 괜찮은 것 같아서 입고 나가면 좀 촌스럽고 튄다고 한다. 나 같은 사람을 '패알못(패션을 알지 못하는 사람)'이라고 한다던데, 무능력하다는 뜻 같아서 괜히 의기소침해진다. 인터넷 패션 카페에 내 옷차림 사진을 올리고 여러 사람들의 실시간 코디 제안을 받은 적도 있다. 옷을 입고 찍고 댓글 보고 다시 벗고 또 입는 걸 대여섯 번 정도 한 후 완성한 코디는 괜찮아 보였고, 진짜 고마웠다. (물론 이런 내게 옷을 팔려는 홍보성 댓글도 꽤 있었다.) 문득 옷을 잘 입는 게 능력이라는 생각이 들었다. 매번 옷을 입을 때마다 이럴 수도 없고 괜스레 자존심이 상했다.

A. 객관적으로 보기

자신의 부족한 면을 알아도 고치려고 시도하는 사람은 많지 않고, 도움을 청한다고 흔쾌히 도와주는 사람도 적은데 참 멋진 것 같다. 인터넷 패션 카페의 댓글 참여자가 해준 코디가 잘 어울렸던 것은 그들이 옷과 몸을 객관적으로 봤기 때문이다.

본인의 몸과 가진 옷들을 파악하고 이해해야 자신에게 맞는 옷을 고를 안목과 감각을 키울 수 있다. 우선 핸드폰에 '패션시도자Fashion Trier' 폴더를 만들고 아래의 네 단계를 따라 해보자.

1단계: [관찰] 전신을 보는 눈을 갖자.
2단계: [분류] 옷을 여백을 기준으로 분류하자.
3단계: [활용] 전신＋옷의 색을 알아 가자.
4단계: [전환] 색을 단순화 시키자.

1단계: 관찰

전신을 보는 눈을 갖자.

우리는 자신의 옷차림을 체크할 때 고개를 숙여서 턱 아래부터 발끝까지 훑어보거나 화장실 거울 앞에서 상반신 정도만 보며 전체상을 짐작해 버린다. 문제는 여기서 시작된다. 나의 전신을 정확히 인지하는 습관이 필요하다.

패션업계 종사자들 중에서 옷을 가장 멋지게 소화하는

사람들은 패션모델이다. 패션모델들은 벽 전체가 거울인 곳에서 몇 시간씩 워킹을 하며 자신의 전신을 정확하게 인지하게 된다. 우리도 모델처럼 전신과 친해지자.

매번 전신 거울을 볼 순 없으니, 평소의 옷차림 3~7가지를 핸드폰 타이머를 써서 찍자. 전신의 정면, 측면 45도, 옆면, 뒷면을 찍고 '패션 시도자' 폴더에 저장한 후 자주 보며 나의 전신과 친해지자. 내 몸의 비율과 스타일을 잘 알아야 여기에 맞는 옷도 잘 고를 수 있다. (핸드폰을 책상 높이 정도에 90도로 세워서 비율 왜곡이 없이 찍는 게 좋다.)

2단계: 분류

옷을 여백을 기준으로 분류하자.

자주 입는 옷이나 신발, 가방 등을 10~30개 정도를 추려서 두 가지로 나누어 아이템별로 분류한다.

여백의 미: 무늬×, 장식×, 무지개 색×, 유행×, 기본○

여백의 공포: 무늬○, 장식○, 무지개 색○, 유행○

여백의 미   여백의 공포

여백의 공포는 여백의 미와 반대로 빈 공간을 가득 메워야만 아름답다고 여겨 여백을 수용하기 어려워하는 경향을 말한다. 튀고 촌스럽다는 평을 듣는 패션 시도자들을 보면 무늬와 장식이 가득한 무지개 색의 유행 타는 옷을 잔뜩 가지고 있는 경우가 많다. 따로 보면 나쁘지 않은데 코디하면 이상한 것이다. 여백의 공포 아이템이 나쁜 것은 아니다. 다만 멋지게 소화하기가 어려울 뿐이다. 걷기도 전에 뛰려고 하지 말자. 먼저 여백에 익숙해지는 연습을 하자.

여백의 공포 아이템을 1개 이하로 상의, 하의, 아우터, 신발, 가방 등을 코디하고 사진을 찍어 나만의 '코디북'을 만들자. 온라인에 코디북을 검색해서 참고하면 더 좋다.

3단계: 활용
전신 + 옷의 색을 알아 가자.

주조색

보조색

　우리 몸은 크게 피부색과 머리색이라는 2가지 주조색을 가지고 있다. 그래서 피부색과 유사한 베이지색, 황토색과 머리색(한국인 기준)과 비슷한 검정색, 짙은 밤색, 남색, 짙은 회색으로 된 상하의를 매치했을 때 거의 모든 사람에게 잘 어울린다. 염색을 했다면 그 머리색을 주조색으로 한다. 몸의 2가지 보조색은 눈의 흰자위나 치아 같은 흰색, 아이보리색과 건강한 손톱이나 입술 색인 연한 핑크색이다. 이 보조색은 피부색에 상관없이 누구에게나 잘 어울린다.

　우리 몸의 주조색과 보조색을 바탕으로 만든 코디표를 보고 매일 매일 스타일링 해보자.

배울 당시에는 아무리 엉뚱하게 보여도,
아무리 사소하게 보여도,
뭐든 배워 두면 다 쓸모가 있다.

엘리너 루스벨트 Anna Eleanor Roosevelt

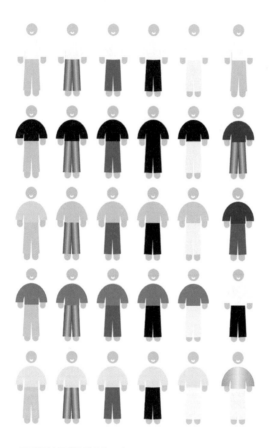

주조색과 보조색을 활용한 코디표

세로축으로 보면 동일한 색의 하의에 상의의 색만 바뀌게 코디했다. 제일 오른쪽 세로줄은 평범함을 조금 벗어난 색의 변화구 코디 정도로 봐 주면 좋겠다. 이렇게 코디할 때는 여백의 미로 된 기본 아이템으로 입으면 실패할 일이 거의 없고 세련되게 보일 것이다.

4단계: 전환

색을 단순화 시키자.

다 귀찮고, 빨리 옷을 잘 입고 싶다면? 옷 입은 모습을 찍고 흑백으로 바꿔 보자. 아마 칼라 사진일 때보다 세련돼 보일 것이다. 흑백의 절제미 때문이다. 무채색을 위주로 입거나 코디할 때 아이템의 색을 2~3가지 이하로 줄이자. 색은 적게 쓸수록 좋다.

패션 감각은 타고난 선천적 재능이 아니라, 훈련을 통해 키워 갈 수 있는 후천적 능력이다. 옷으로 위축된 자존심을 옷을 지지대 삼는 연습으로 회복하면 좋겠다. 옷 또한 결국 사람이 입는 것이기 때문에 나를 아는 것에서 출발해야 패션 감각이 발전할 수 있다. 스스로를 위해 계획하고 그려낸 것을 실천하는 시도자試圖者가 되자.

경우에 맞는 옷

Q: TPO의 딜레마

나는 TPO가 중요하다고 생각했다. 그날 전까지는….

TPO는 Time(시간), Place(장소), Occasion(경우 혹은 때)의 이니셜을 딴 말로 시간, 장소, 때에 맞게 옷을 입는다는 일종의 공식이다. 보수적인 회사의 중요한 공개 입찰에서 경쟁 3사가 도토리 키 재기를 하던 PT 날, 나는 발표자로 들어가게 되었다. TPO에 맞게 무채색 정장 차림과 신뢰감을 주는 메이크업에 단정한 헤어 스타일링을 했고 PT도 완벽했지만 떨어졌다. 다른 경쟁사 발표자에게 밀렸기 때문이다. 아나운서를 했을 법한 그녀는 낭랑한 목소리에 뛰어난 PT 매너까지 갖췄다. 하지만 경쟁 PT에는 어울리지 않는 강렬한 호피무늬 블라우스와 타이트 한 블랙 스커트에 11센티미터 하이힐을 신고 새빨간 립스틱을 발랐다. 그녀는 머리부터 발끝까지 이질적이었지만 멋졌다. 반전 매력이랄까? 나라도 그녀를 뽑았을 것이다.

믿었던 TPO에게 철저히 배신을 당한 나는 바보가 된 것 같았다.

A: 목적에 맞는 차림새

작은 말실수는 사과를 하거나 다른 이야기로 화제를 돌려 위기를 모면할 수 있다. 하지만 TPO에 어긋나는 옷을 입은 경우에는 말처럼 빨리 전환할 수 없다. 다른 옷으로 갈아입어야 하기 때문이다. 그래서 TPO에 맞는 옷차림은 사회생활을 할 때 중요하다. 나아가 요즘 같은 경쟁 사회에서는 작은 차이가 승패를 가르기 때문에, 질문자의 경우처럼 전통적인 TPO로는 부족하다고 느끼는 상황도 생겨나게 되었다.

전략적인 우위나 의사 전달을 위해서는 언행뿐만 아니라 복장부터 목적과 의도를 합치(여러 의견이나 주장이 서로 일치함)해서 각인시키는 '언복합치'가 필요하다. 요즘의 사회상이나 라이프스타일 변화에 맞게 TPO에 '언복합치'를 더해 add-TPO를 고안했다.

add-TPO에 대한 내용을 읽고 차트에 적어 보며 옷으로 자신의 의사를 전달하고 우위를 선점하는 관점을 가지자.

Appearance: 무엇을 보여 줘야 하나?

우선 각자가 가진 재능이나 능력과 신체의 장단점을 파악해서 무엇을 드러내고 감출지를 정해야 한다. 살다보면 자신의 장점이나 능력을 드러내다 상대에게 수를 읽혀 결정적인 순간에 손해를 보는 경우가 발생한다. 자신을 드러내지 않고 감출 줄도 알아야 하고, 장점이나 능력의 최대치를 어필해서 쟁취할 줄도 알아야 한다. 그럴 때 옷을 쓰자. 예를 들어서 집을 사러 가는 경우라면 좀 수수한 게 집값을 흥정하기 좋다고 한다. 반면에 월세를 얻을 때는 깔끔하고 단정한 모습이 집주인의 신뢰를 얻기 쉽다고 한다.

Destination: 어떤 목적으로 가는가?

목적이 명확한 패션을 말한다. 레드카펫에서 주목받는 여배우들의 의상과 같다. 노출로 주목을 받을지, 드레스로 우아한 변신을 노릴 것인지 말이다. 옷을 입고 향하는 목적지에서 얻고 싶은 것이 무엇인지를 명확히 해야 '원하는 바'에 알맞은 차림을 할 수 있다.

Dye: 어떻게 물들 것인가?

상황에 맞게 스며드는 옷차림을 할지, 좌중을 압도하며 자신의 색으로 그곳을 물들일지를 결정하자. 패션은 보디랭귀지처럼 하나의 시각적인 언어이자 '외침'이다. 따라갈 것

표 7. add-TPO 차트

		내용
a	appearance 무엇을 보여줘야 하나?	
d	destination 어떤 목적으로 가는가?	
d	dye 어떻게 물들 것인가?	
T	Time 시간	
P	Place 장소	
O	Occasion 경우 혹은 때	

많은 배우들이 캐릭터의 내면을
먼저 알아본 후 외면을
작업해야 한다고 주장한다.
난 의심된다.
만약 내게 연기 캐릭터를
시작할 외면이 없다면
어디까지가 진실한 내면인지
알 수 없을 것 같다.
나는 먼저 캐릭터가 입는 것,
사용하는 물건, 그 주변에 있는 것들을
이해하려고 노력한다.

찰톤 헤스톤 Charlton Heston

인지 리드할 것인지를 스마트하게 옷으로 말해야 한다.

　'포텐(potential) 터지다'라는 신조어가 있다. 드러나지 않았던 잠재적 재능, 외모, 능력이 어떤 계기나 변화를 통해 불꽃놀이의 폭죽같이 가능성의 최대치를 터뜨려 정점을 찍는 것을 뜻한다. 사람은 저마다의 내재적 욕망과 가능성이 있다. 이것은 외부로 발산하기 전까지는 그 파급력을 가늠할 수 없는 부분이다. 그리고 그것을 극대화시킬 수 있는 상황이나 공간이 있고 딱 맞는 타이밍 또한 존재한다. 앞서 언급한 사회학자 어빙 고프먼은 삶은 무대이고 우린 배우이며 사회는 관객이라 했다. 우리는 보이고 싶은 배역의 가닥을 잡고 외모나 옷차림으로 사회라는 관객 앞에 원하는 모습으로 얼마든지 어필할 수 있다. add-TPO는 자신의 '포텐'을 터뜨리는 시발점(첫출발, 계기)이 될 수 있다.

우울한 어깨선

Q. 좁은 어깨와 가방

한쪽 어깨로 메는 가방을 들면 쓱 하고 흘러내리는 일이 잦았다. '옷이 미끄러운가?' '가방 어깨 끈이 문제인가 보다' 하며 대수롭지 않게 지나쳤다. 우연히 길에서 나랑 똑같은 가방을 든 사람을 봤다. 그런데 그 사람 가방은 어깨에 잘 자리 잡고 있었다. 뭐지? 하는 그 순간, 건물 유리창에 비친 그 사람과 나를 봤다. 세상에!

좁고 밑으로 축 처져 슬픈 내 어깨와 쇄골이 문제였다. 가방은 좁은 내 어깨를 따라서 흘러내렸을 뿐이고 중력은 거들 뿐…. 모든 문제는 내 몸이었다. 난 왜 이 모양일까? 자신감이 없어져서 그런지 요즘 계속 땅만 보고 걷게 된다.

A. 어깨를 연출하는 요령

어울려 사는 사회에서 타인과 자신을 비교하는 것은 피할 수 없는 운명이다. 몸을 단시간에 바꿀 수는 없지만 해결책은 있다. 바로 옷이다. 우울한 어깨선을 위해 제복을 벤치마킹 하면 좋겠다. 대부분의 제복은 셔츠나 재킷의 어깨 부분에 견장이나 패드가 달려 있다. 덕분에 어깨선이 살짝 올라가 보이고 어깨가 옆으로 넓어 보이게 해준다. 그냥 천 조각을 하나 덧댄 것뿐이지만 견장이 어깨선에 미치는 요인은 생각보다 많다.

정면에서 보면, 견장은 어깨선 끝이 들려서 신체의 가장 넓고 높은 선인 어깨를 올려줘서 키가 커 보이게 해 준다. 같은 키의 운동선수가 일반인보다 키가 커 보이는 것은 근육 덕분에 높아진 어깨선 때문인데, 견장은 이와 같은 효과를 낸다. 옷을 입을 때 견장이나 어깨가 넓어 보이는 프린트나 디테일이 있는 상의를 고르고 어깨선이 부드러운 디자인은 피하는 게 좋다.

또한 견장은 정면의 쇄골 선이 끝나는 지점의 각도가 90도에 가깝게 해주어 건장하고 강한 느낌을 준다. 이런 직각선은 몸매 보정 효과가 있다. 가로인 어깨가 일자로 넓어 보이면 세로선인 허리 라인과 대비되면서 날씬해 보인다.

상의를 고를 때 상체를 알파벳 T자처럼 만든다고 생각하고, 견장이나 어깨패드가 있는 스타일을 고르자. 또 조끼 같은 아이템은 부족한 어깨선을 보강하기에 좋다. 머플러 등을 목에 둘러서 어깨가 넓어 보이게 하는 것도 추천한다.

측면에서 봤을 때, 견장이나 어깨패드는 굽은 어깨선이나 앞으로 쏠려 보이는 목선을 완화시켜 줘서 자세가 좋아 보이게 해 준다. 바른 자세는 카리스마, 포스, 신뢰감과 연결되기 때문에 제복에 많이 쓰이게 된다. 견장이나 어깨패드는 우리의 어깨선을 마치 옷걸이처럼 어깨가 딱 떨어지는 직선으로 보이게 해 줘서 옷태가 살아난다.

제복을 벤치마킹한 어깨 장식으로 콤플렉스에서 조금이나마 벗어나 보자. 개인적으로 세상에서 가장 아름다운 어깨선을 가진 이들이 발레리나와 발레리노라고 생각한다. 발레 동

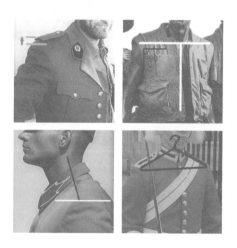

고개를 들어라, 각도가 곧 태도다.

프랭크 시나트라 Frank Sinatra

작 자체가 목, 척추, 어깨선을 알파벳 T자처럼 늘 유지하기 때문이다. 곧게 뻗은 어깨와 쇄골은 옷걸이와 참 많이 닮아 있다.

쇄골과 어깨를 옷걸이처럼 곧고 바르게 하는 것은, 내면의 주름진 자신감을 겉으로 드러나지 않게 보완시켜 주고 옷태가 나게 할 것이다. 옷은 어디까지나 보조적인 도구이지 그 이상의 목적이 될 수 없다. 대신 자존감을 괴롭히는 콤플렉스를 완화시켜 줄 수는 있다.

그러니 똑바로 세상을 응시하며 당당히 허리를 펴고 콤플렉스 저 너머의 자신감을 일으켜 세우자. 결국 해답은 마음의 자세에 있다. 고개 숙이거나 웅크려 있지 말자.

사랑 앞에 선 21세기 시라노

Q. 자꾸만 작아지는 나

좋아하는 사람이 생겼다. 내게는 참 훈훈하고 특별해 보인다. 고백을 해볼까 했지만, 왠지 차일 것 같아서 짝사랑만 하고 있다. 그 사람 앞에만 서면 그냥 얼굴도 더 못나 보이고 내 스타일도 촌스럽게 느껴지고… 그렇다. 간간히 마주칠 때 말이라도 먼저 걸어보면 좋을 텐데 참 바보 같다. 사실 전 연인이 나쁜 X였던지라 내가 사람 보는 눈이 없는 것 같아서 좋아하지만 시작하기가 두렵다. 시라노와 연애를 주제로 한 영화나 드라마처럼 내 사랑도 다른 사람들이 도와주면 얼마나 좋을까 싶다.

A. 짝사랑 콤플렉스

먼저 많고 많은 사람 중에서 좋아할 수 있는 사람을 찾게 된 것을 축하한다. 짝사랑 앞에서 외모 때문에 움츠러든다면 '육하원칙 스타일링 차트'를 활용하자. 마치 시나리오를 쓰는 것처럼 짝사랑과 마주치는 상황을 적고 어떤 스타일링을 하면 좋을지 써보는 것이다. 필요하다면 친구들을 동원해서 '스타일링 조작단'을 꾸려도 좋다.

그리고 심적으로 짝사랑 앞에서 계속 작아지는 기분이 든다면 시라노의 짝사랑에 주목하자. 〈시라노〉는 시라노 드 베르주라크라는 17세기 실존인물을 착안해서 에드몽 로스탕이 쓴 희극이다. 희극 〈시라노〉에서 시라노는 아름다운 시를 읊는 지적이고 로맨틱한 기사이며 생명의 위협에 맞서 친구를 구하러 투구의 파나쉬(깃털)^{Panache}를 휘날리며 달려

가는 의리의 사나이였다. 시라노는 다음과 같이 말할 정도로
긍지 높은 기사였다.

> 내가 가진 우아함은 정신적인 것이오. (중략)
> 내가 코르셋으로 꼿꼿이 세우는 것은
> 늘씬한 허리가 아니라 내 영혼이오.

이런 그에게도 콤플렉스가 하나 있었는데 바로 코였다.
시라노는 코주부 안경같이 큰 메부리 코를 가졌다. 시라노
의 이 못난 코 콤플렉스는 짝사랑하던 여인 록산을 두고 어
리석은 선택을 하게 만든다. 그는 그녀에게 반한 미남 기사
크리스티앙의 러브레터를 온 마음을 다해 대필해 준다. 그가
대필한 러브레터를 읽은 그녀는 크리스티앙과 사랑에 빠져
이렇게 말했다.

> 그 소중한 마음이 얼굴을 지워 버렸어요.
> 처음에 내 마음을 설레게 했던 당신의 아름다움….
> (중략)
> 더는 보이지 않아요.

그녀의 이 말을 크리스티앙이 시라노에게 전하지만 그는 끝까지 믿지 못한다. 코 때문에 말이다. 아마 사람들에겐 시라노의 못생긴 코와 같은 외모 콤플렉스가 하나쯤 있을 것이다. 때로는 짝사랑처럼 상대 앞에서 작아지는 감정 때문에 자신의 모든 게 못나 보이는 경험을 한 사람도 있을 것이다. 시라노는 결국 외모 콤플렉스 때문에 끝까지 짝사랑하던 록산에게 고백하지 못한다. 그녀는 러브레터를 쓴 사람이 그라는 걸 눈치 채지만 그때는 너무 늦어버렸고 시라노는 죽음을 맞이한다. 사랑은 확인했지만 사랑하진 못했다. 콤플렉스나 자격지심은 사랑을 망가트린다.

고민만 하다 보면 부정적인 생각에 사로잡혀 자신감이 떨어지게 된다. 알프레드 디 수자는 한 번도 상처받지 않은 것처럼 사랑하라고 했지만, 상처 같은 나쁜 기억들은 불쑥불쑥 나타나 우리를 괴롭힌다. 영화 〈프리티 우먼〉에서 여주인공 비비안은 몸을 파는 자신의 처지를 비관하며 이렇게 말한다.

우리 엄마가 난, 나쁜 남자 자석이래요.
세 명의 나쁜 남자를 만났고 결국 이렇게 됐죠.

당신의 오만과 자만심
당신의 이기심을 경멸해요.
다른 사람에 대한 당신의 태도!
당신이 이 세상에 남은
마지막 남자라고 할지라도
절대, 절대 당신과 결혼하지 않겠어요.
(다아시를 오해했을 때)
나는 장님이었어!(그 오해가 풀렸을 때)

'엘리자베스 베넷' 역 영화 〈오만과 편견〉(2006) 중에서 스스로를 귀하게 여기지 못하고 상처받을 줄 알면서도 계속 나쁜 사람을 만나게 될 때가 있다. 어떤 나쁜 일(사람)들은 우리가 아무런 잘못을 하지 않아도 벌어진다. 악연처럼 삶은 가끔 심술맞다. 삶의 우연성에 모든 것을 내맡기며 자신을 탓하지 말자. 그렉 버넌트는 책 『그는 당신에게 반하지 않았다』에서 이렇게 말한다.

> 어떤 사람을 골라 시간을 투자하느냐는 당신에게 달려 있어요. 칼자루는 당신이 쥐고 있는 거라고요

소중한 시간도 진심의 중심도 자신에게 두자. 그렇게 하면 운명의 자석이 또 장난을 치더라도 덥석 마음을 내주지 않고, 호흡을 가다듬으며 그 사람을 찬찬히 살펴볼 시간을 안배할 수 있을 것이다.

안타까운 희극 〈시라노〉의 명대사로, 죽어가던 그가 남긴 마지막 대사인 '모 파나쉬M-on Panache'를 꼽는다. '신에게 갈 때에도 들고 갈 것은 나의 장식 깃털'이라는 의미로 현재, 파나쉬Panache는 '위풍당당'이라는 뜻으로 쓰인다. 시라노의 깃털처럼 사랑할 때면 내면의 자신감을 발산하면 좋겠다. 그러

면 짝사랑이든 사랑이든 그처럼 타이밍을 놓치는 안타까운 후회는 남지 않을 것이다. 사랑이 시작될 때나 사랑을 하고 있을 때 생각보다 많은 사람이 저마다 내린 괴상한 결론에 사로잡힌다는 것을 잊지 말자!

그 어떤 후회도 없게 사랑 앞에서는 그 어느 때보다 '파나쉬Panache' 하길 바란다!

만사 귀찮은 패션

Q. 패션 귀차니즘에 대하여

매일 어떤 옷을 입을지 고민하는 시간이 아깝다. 자기계발, 공부, 일, 인맥 관리, 집안일, 운동, 동호회 활동까지 매일 입을 옷을 고민하는 것 말고도 해야 할 것도, 하고 싶은 것도 많다. 할 일이 많아서 그런지 만사 귀찮고 무기력해서 교복이 그립다. 요즘엔 냄새만 안 나면 3일 정도는 같은 옷을 입는다. 페이스북의 마크 저커버그나 애플의 고故 스티브 잡스는 항상 같은 옷을 입으며 시간 관리를 하는 걸로 유명하다.

나도 그러고 싶은데… 이상할까?

A. 미니멀리즘과 아포리즘 사이

적록색약인 마크 저커버그는 옷을 고르는 시간마저 아껴서 페이스북 운영에 집중하려고 회색 티셔츠 여러 벌을 돌려서 입는다.

스티브 잡스는 자신이 지향하는 미적 가치관과 일치하는 디자이너 브랜드의 검은색 터틀넥을 100여 벌 주문해서 12년간 입었다. 가치관을 세워 이들처럼 옷을 입는 것은 괜찮을 것 같다. 삶을 살아가는 데 정답은 없다. 이들은 단순하고 간결한 '미니멀리즘'을 실행하는 것에서 나아가, 삶의 체험적 진리를 압축해서 드러내는 '아포리즘'을 옷으로 보여 줬다.

보통의 우리가 저커버그나 잡스처럼 옷을 고르는 시간을 아껴서 삶이 얼마나 변할 수 있을지는 모르지만, 입을 옷을 고민하는 데 드는 시간을 계산해 본 실험은 있다.

2009년 영국의 일간지 〈텔레그래프〉에서, 매탤란(영국의 대형 의류업체)이 16세~60세 여자 2,491명에게 '무슨 옷을 입을까?'를 고민하는 시간을 설문조사 한 결과를 보도한 적이 있다.

자신을 사랑하고 돌봐야 한다.
그럴 때 최상의 결과가 나온다.

티나 터너Tina Turner

결론부터 말하면 여자가 평생 옷을 고민하는 데 쓴 시간은 287일, 약 9달이라고 한다. 조사에 참여한 여자 2명 중 1명은 주중에는 잠자리에 들기 전에 내일 무엇을 입을지 15분 정도 고민하고 평균 두 벌의 옷을 미리 입어본다고 한다. 그리고 주중 아침에는 평균 16분 정도 옷 선택에 시간을 쓰고 주말에는 이보다 짧은 14분을 썼다. 주말의 저녁 약속을 위해서는 20분 정도를 외모와 옷 고민을 하는 데 쓰고 공휴일에 어떤 옷을 입을지 고민하는 데는 무려 52분을 쓴다고 한다.

어쩌면 패션 귀차니즘의 진짜 원인은 옷 고르는 데 드는 시간이 아니라 지친 일상에서 찾아온 무기력감일 수 있다. 세상에 지쳐버린 우리의 내면이 제2의 피부라 불리는 옷을 홀대하는 것으로 무기력하다는 사인을 보낸 것이다. 무기력은 우리를 마네킹처럼 무미건조하게 만든다. 두근거리는 설렘의 시간과 숨 돌릴 틈을 마련하자.

별거 없는 따분한 일상 속 소풍 전날 들떴던 어린 시절처럼 설렘을 위한 나만의 소풍 시간을 만들어 보자. 산책도 좋고 취미 활동도 좋다. 그 시간을 준비하며 메마른 얼굴에 색을 입히고 거울 앞에서 짧은 패션쇼를 해 보며 자신에게 집중하는 긍정적인 시간을 갖자. 외모에 필요 이상으로 의미와 가치를 두는 것도 좋진 않지만, 즐거운 일을 기다리며 준비하는 시간은 우리를 기쁘게 하고 또 힘든 일상을 견디게 해준다. 그러니 스스로를 위한 즐거운 옷 고르기 시간을 만들어서 심장 박동 수를 높이자.

혹여 옷을 골라 입지 못할 만큼 무기력하다면 잠시 그대로 있어도 된다. 무기력을 타파해야겠단 생각이 들면, 그때는 '패알못'에서 소개했던 코디북처럼 특정 색상이나 아이템을 정해서 돌려 입으며 한숨 고르자. 그때그때 맞춰 삶을 요령 있게 살며 심적 부담을 줄이자. 정답이 없으니 억지로 할 필요는 없다.

옷을 고르는 시간을 즐기는 것도 줄이는 것도 삶의 방향성에 맞게 스스로 결정하고 자신 있게 행할 수 있다면, 그것이 진정한 자신만의 '라이프 웨어Life Wear 아포리즘'에 대한 해답일 것이다.

각선미와 근육

Q. 남자와 여자의 각선미

가느다란 다리에 스키니 진을 입은 예쁘장한 남자 아이돌을 보면 여자인 내가 보호해 주고 싶다는 생각이 든다. 어른들은 남자답지 못하다고 하지만 내 눈에는 멋진 것 같다.

얼마 전 SNS에서 본 근육질의 여성 보디빌더는 너무 멋져 보였다. 나도 여자지만 그런 근육질의 몸매를 가지고 싶다는 생각이 들었다. 슬프게도 여성 보디빌더의 SNS를 보니 여자 다리 같지 않다고 싫어하는 사람도 있었다. 여리고 선이 고운 남자, 근육질의 여성 보디빌더를 따라하고 싶어 하는 나를 보면, 어떤 게 '각선미'인지 헛갈리고 혼란스럽다.

A. 각선미의 성별

전통적인 성 구분을 넘나드는 스타일링이 대중화되고 있다. 낯설지만 매력적이기도 하다. 특히 우리 신체 부위 중에서 다리는 '각선미'라는 아름다움을 지칭하는 명칭이 따로 있는 신체부위이다. '롱다리' '숏벅지'부터 요즘은 '꿀벅지' '말벅지' '극세사 다리' 같은 신조어가 나올 정도로 구체적이고 다양해졌다. 여자의 각선미를 강조하는 패션 아이템이 스타킹이라면 남자에게는 스키니 진이 있다.

스키니 진을 유행시킨 것으로 유명한 디올 옴므의 에디 슬리먼은 남성성과 여성성에 대하여 다음과 같이 말했다.

> 옷이란 여성성과 남성성을 모두 공유할 수 있고, 그것이 표현될 수 있어야 한다.

슬리먼은 어린 시절 깡마른 몸 때문에 남자답지 못하다고 따돌림을 당했던 기억 때문에 마른 실루엣에 집착했다고도 전해진다. 특정 외모를 기준으로 남자다움을 판단하고 획일시 하는 것은 차별이며 무시이다. 어떤 체형이건 남자는 남자다. 샤넬의 여성복 라인을 완벽하게 소화해내는 빅뱅의 지드래곤(남자)을 보면 옷을 입고 대하는 방식과 태도가 '어울린다'를 정의하는 것 같다.

고도비만이었지만, 에디 슬리먼이 디자인한 디올 옴므를 너무 입고 싶어 한 샤넬의 수석 디자이너였던 1933년생의 고故 칼 라거펠트는 다이어트를 감행한 후 이렇게 말했다.

난 갑자기 좀 다르게 옷을 입고 싶었다.

에디 슬리먼이 디자인한 옷을 입고 싶었다. (중략)

그것은 정확히 13개월이 걸렸다.

물론 그처럼 비싼 옷을 사고 다이어트를 하는 것만이 능사는 아니다. 그러나 한계나 고정관념을 내려놓고, 스스로를 자신이 원하는 모습으로 변화시키는 행동은 건강한 욜로^{YOLO}이다. 요즘 남자들도 그와 같은 생각일 것이다.

남자도 여자처럼 외적 특성의 아름다움을 드러내는 시대가 왔다. 또한 남자도 스스로를 자신이 원하는 만큼 아름다워질 권리가 있다는 것을 표현하는 시대이기도 하다.

영화 〈빌리 엘리어트〉에는 발레리노를 열망하는 소년 빌리가 나온다. 엔딩에서 성인이 된 빌리는 성공한 발레리노의 모습으로 매튜 본의 '백조의 호수'에 등장한다. 이 발레는 보통 여자 발레리나가 주인공인 것과 달리 남자 발레리노가 주인공이며 남자 백조들의 이야기가 주이다. 스커트가 아닌 바지를 입고 상의를 탈의한 근육질의 백조들이 만들어내는 군무는 발레리나와는 또 다른 아름다움을 자아낸다.

내 몸에 대한
느낌이 내 내면의
모습을 결정하는 것이 아니라
내 내면의 모습이
내 몸에 대한 느낌을 결정한다.

엘라니스 모리셋Alanis Morissette

남성미는 점점 더 다양해질 것이다. 여성미도 그렇다. 여성 보디빌더의 근육질 몸매도 발레리나의 가녀린 신체도 모두 여성미의 하나이다. 이것은 단순히 외형적 변화나 옷의 문제가 아니다. 이 변화는 내면의 미에 대한 저마다의 욕구 표현으로 탄생된 것이다.

　변화는 늘 혼란스럽기 마련이다. 우리는 이제 '여자는/남자는 이래야 한다, 여자/남자니까' 하는 식의 '성적 고정관념'을 내려놓아야 한다. 그래야만 스키니 진을 탄생시킨 에디 슬리먼이 겪었던 차별처럼 가해자나 피해자가 생기는 것을 막을 수 있다.

　마르거나 근육질이거나 모두 아름다운 각선미이다.

문신의 이유

Q. 몸에 새기고 싶은 것

　문신이 하고 싶다는 생각을 한 지는 좀 됐다. 잘하는 문신

전문가도 찾았다. 삶에 불만이 있거나 반항하고 싶어서가 아니다. 단순히 쿨하고 멋져 보이려고 하는 것도 아니다. 덤벙거려서 실수도 많고 의지도 약하고 끈기도 없는 편이라 그동안 쉽게 많은 것들을 포기해 버렸다. 그렇게 나약해질 때마다 나를 붙잡아 줄 글귀를 새겨 두고 싶었다.

Assiduus usus uni rei deditus et ingenium est artem saepe vincit.
한 가지를 끈기 있게 끊임없이 연습하면 종종 지성과 능력을 모두 능가한다.

하지만 문신이 폭력배의 상징이라고 생각하는 부모님 때문에 하지 못했다. 끈기가 없는 만큼 싫증도 잘 내서 금세 질려 지우고 싶어 하지는 않을지 걱정된다. 문신을 하고 대중목욕탕에 갈 수 있을지도 고민이다. 문신, 할까? 말까?

A. 낙인과 자기표현

대부분의 어른들에게 문신은 폭력배들의 '착하게 살자'처럼 협박성 뉘앙스가 진하게 풍기는 낙인으로 여겨질 것이다.

요즘 문신은 유명인을 추종해서 하는 사람도 있겠지만 옷처럼 문신도 자기표현의 하나로 자리 잡고 있다. 특히 자신의 자존감이나 정체성을 드러내기 위해서 문신을 하는 이들이 늘고 있다. 담고 싶은 생각이나 열망을 분출하는 방법으로 삼는 사람들도 있다. 흉터를 가리기 위해서 문신을 새기는 경우도 있다. 문신을 자신의 내면을 단련시키는 행위라고 생각하는 이도 있다.

평범했던 한 청년이 친구들과 함께 가족들 몰래 문신을 했다는 이야기를 들은 적이 있다. 그는 문신을 한 사실을 부모님께 차마 말하지 못하고 친형에게만 털어놨다. 형이 이유를 묻자 그는 '남자답다고 느끼고 싶었어'라고 했다. 형은 황당했다. 동생이 한 문신은 노란 곰 캐릭터 '푸우'였기 때문이다. 형이 되묻자, 동생은 '문신의 내용이나 의미가 중요한 게 아니야. 내가 직접 선택한 고통을 이겨내는 게, 그게 남자답다고 생각해서 한 거야'라고 말했다. 형은 동생이 문신 때문에 웃음거리가 될까 봐 걱정이 됐지만 동생은 푸우 문신을 귀여워하는 배우자를 만나 예쁜 딸을 낳았다. 딸은 아빠의 푸우 문신을 보며 '세상에서 제일 멋진 아빠'라고 한다.

뉴질랜드 원주민(마오리족)의 문신인 '타 모코^{Ta moko}'는 다

137

소 신중하다. 타 모코는 문신으로 정체성을 표시하는 것인데, 새긴 이의 가족력, 소속 부족, 혈통, 개인적 삶의 연대를 나타낸다고 한다. 그래서 과거에는 타 모코가 지위나 지식을 알리는 표식의 역할도 했다고 한다.

우리가 원주민은 아니지만 한국에서 '문신'은 이들처럼 신중하게 대할 필요가 있다. 그리고 문신을 하기 전에 반드시 알아야 할 것들이 있다.

첫째, 한국에서 문신 전문가의 시술은 아직 불법이다. 문신이 의료행위이기 때문에 의사가 아닌 경우에는 모두 불법이라고 한다. 눈썹문신도 마찬가지다. 개선이 필요한 부분이지만, 아직은 법적으로 그렇다고 한다(2019년 기준). 문신 시술을 해주는 곳에 따라서 안전한 곳도 있겠지만 아닌 곳도 있을 것이다. 염증이나 감염 문제가 발생할 수 있으니 청결과 사후관리 여부를 꼼꼼히 체크하자. 문신도 몸에 상처를 내는 것이니 몸의 컨디션을 고려해서 받는 게 좋다.

둘째, 문신은 체중 변화에 따라 모양이 바뀌기도 한다. 지방이 많은 부위(가슴, 배, 엉덩이, 허벅지)에 문신을 하면 체중 변화에 따라 문신이 찌그러지거나 위치가 바뀐다. 배 한쪽에

이걸 기억하겠다고 약속해줘.
넌 네가 믿는 것보다 더 용감하며,
보기보다 강하고
네 생각보다 더 똑똑하단 걸.

곰돌이 푸우

문신을 받은 친구가 있었다. 깜찍한 유니콘이었는데, 얼마 안 되서 그녀는 임신했고 그 유니콘은 하마처럼 늘어났다가 찌그러져서 출산 후 리터치를 받았다. 꼭 유념해 두고 할 부위를 결정하면 좋겠다.

셋째, 문신 부위는 땀이 잘 배출되지 않는다. 그래서 몸의 다른 부분이 그만큼 더 많은 땀을 대신 분비하게 된다. 문신을 할 계획이라면 문신 후에 피부의 유수분 보습 관리에 신경을 써야 할 것이다. 문신은 인위적으로 몸에 새기는 것이니 사후 관리도 하는 것만큼 중요하다.

넷째, 시간이 지나면 문신도 옅어진다. 문신의 색상과 디자인, 피부의 특성, 잉크의 종류에 따라 다르지만 문신이 흐려지거나 번지는 것은 자연스러운 일이라고 한다. 그래서 리터치가 필요한데, 이때 원래의 모양을 유지하며 보수할 수도 있고 기존의 문신에 다른 디자인을 덧입힐 수도 있다고 한다.

다섯째, 문신 지우기는 아프고 어렵다. 문신을 지우는 이유는 싫증이 나서, 주변의 시선 때문에, 결혼을 해야 해서 등 다양하다. 그런데 문신은 레이저로 지워야 하다 보니 시간과 비용이 꽤 많이 들고 잘못하면 흉터가 일부 남을 수도 있다고 한다. 문신은 할 때도 지울 때도 아프다.

문신에 대한 사회의 시선은 아직도 곱지 않다. 문신은 평생 벗을 수 없는 액세서리나 옷과 같으니, 확신이 들기 전까지 충분히 고민하고 선택해야 한다. 어떤 선택을 하든 완벽하기보단 가장 행복하고 만족할 수 있는 결정이 옳다.

무채색의 딜레마

Q. 무채색 패션

'얼굴이 칙칙하다… 밥은 잘 먹고 다녀?' 요즘 올 블랙을 입으면 이런 말을 듣는다. 블랙 앤 화이트로 입으면 '상갓집 가?'라고 묻는 사람도 있고 음식점에 가서는 일하는 직원으로 오해받기도 한다.

근래에 살이 좀 쪄서 그런 것도 있지만, 난 원래 블랙이 좋았다. 잡히는 대로 아무거나 입어도 올 블랙이면 괜찮은 것 같다. 뭐가 묻어도 티도 안 나고 오래 입어도 낡은 느낌이 나지 않아서 좋다. 몸매도 가려 주고 눈에 띄지 않는 색이라서 마음이 편하다. 다른 색도 좀 입으라는 잔소리에 못 이겨

서 회색 트레이닝복을 주야장천 입었더니 '스님 같다'고 한
다. 그래서 '블랙이냐 아니냐, 회색이냐 아니냐'를 고민하게
됐다. 무채색 사랑, 이번 생은 틀린 것인가?

A. All about Black & Gray

가끔 무채색 뒤로 숨고 싶을 때가 있다. 특히 불어난 몸집
을 감춰야 할 때나 만사 귀찮을 때가 그렇다. 잠시 잠깐 쉰다
는 기분으로 무채색에 기대어도 좋다. 무채색은 마음의 평정
을 찾아 주고 이성적으로 판단하게 도와준다. 우리는 시끄러
운 주변과 외부 스트레스 때문에 스스로를 절제하고 차분하
게 만들기 위해서 무채색을 쓰고 있는지도 모른다. 만약 무
채색만을 강박적으로 선택하고 있다면 실수나 변화에 예민
하기 때문일 수도 있다. 스스로에게 관대해지자.

그리고 만약 어떻게든 블랙이나 회색을 고수하고 싶다면
그래도 된다. 현대 물리치료의 근간을 만든 엘리자베스 케니
는 이렇게 말했다.

평생 양으로 사느니
단 하루라도 사자로 사는 게 낫다.

142

삶의 주체로서 '나만의 블랙과 회색'의 깊이를 정하고 그 스펙트럼을 넓혀서 일상과 어우러지게 원하는 대로 스타일 링을 하면 된다.

삶이 정글이라면 우리는 정글의 주인인 사자다.

올 블랙과 블랙 앤 화이트부터 살펴보자. 이들은 참 매력 적이다. 외형을 가늠하기 어렵게 하고 색상대비에서 오는 묘한 위압감, 존재감, 모던함, 세련됨, 주목성에 중독되게 만든 다. 여자를 위한 옷을 만들기 위해 평생을 바쳤던 크리스찬 디올은 '리틀 블랙 드레스'에 대해서 이렇게 말했다.

> 블랙은 어느 때에나 입을 수 있어요. 어떤 나이 대나
> 입을 수 있고, 거의 대부분의 상황에 잘 어울리죠. 리
> 틀 블랙 드레스는 여자의 옷장에서 가장 필수적인 옷
> 입니다.

남자에게도 블랙은 마찬가지다. 옷에 있어서 블랙은 삶의

편의와 절약을 위해서 꼭 필요한 색이다. 블랙 하면 떠오르는 디자이너인 릭 오웬스^{Rick Owens}의 브랜드는 제품의 90퍼센트가량이 블랙이나 무채색톤이다. 그는 한 인터뷰에서 다음과 같이 말했다.

> 우리가 만드는 모든 것은 현실에서 입을 수 있는 것이다. 나 역시 판타지를 좋아한다. 그러나 판타지를 매일 입을 수 있는 것들로 변환시키려고 한다.

오웬스는 블랙을 일상에 자연스럽게 녹아들게 만든 것이다. 블랙 앤 화이트는 서비스직, 오케스트라 연주자, 종교인들이 유니폼처럼 입는 색이다. 아마도 격식을 갖추되 두드러지지 않기 위해서일 것이다. 이런 블랙 앤 화이트는 샤넬^{CHANEL}을 만든 가브리엘 코코 샤넬의 시그니처 컬러이다. 그녀는 단순함이 우아함이며 블랙 앤 화이트는 가장 조화로운 색상 배열이라고 했다. 사실 불우했던 그녀는 수녀원에서 길러졌는데 수녀복의 금욕적인 블랙 앤 화이트에서 샤넬의 색이 비롯되었다고들 한다.

삶을 전제로 하면 모든 게 달라진다. 그러니 무채색을 고수하고 싶다면 삶에 녹여내는 스타일링을 하자.

생기에 있는 블랙 스타일링을 위해서는

첫째, 블랙 상의를 입을 때는 윗단추를 풀거나 네크라인neckline에 변화를 주자. 기본 라운드 네크라인을 중심으로 살짝 파인 라운드, V형 네크라인, 피케셔츠(폴로셔츠) 등으로 바꿔가며 스타일링하자.

둘째, 얼굴에 생기를 불어넣자. 입술 색이 옅거나 눈 밑에 다크서클이 있는 경우에는 립밤이나 메이크업으로 보완하자. 머리카락에도 오일이나 에센스를 발라 윤기가 나게 하자.

셋째, 멋진 올 블랙 스타일링을 보면 대부분 블랙, 금색, 은색의 메탈빛 액세서리인 선글라스, 시계, 신발, 가방, 목걸이, 팔찌 등으로 포인트를 준다. 올 블랙 코디를 할 때 참고하자.

넷째, 블랙 앤 화이트로 주연이 되려면 유행하는 아이템이나 조금 튀는 디자인을 매치해서 스타일링 해보자. 모든 것을 단정하고 정리되어 보이게 하는 것이 블랙 앤 화이트의 장점이니까.

패션계에서는 블랙만큼 활용도가 높은 회색에 대해서 '회색은 새로운 블랙이다^{Gray is the new Black}'라고도 한다. 멋스러운 회색 스타일링을 위해서는

첫째, 같은 온도의 회색끼리 매치한다. 옷에 쓰이는 회색에는 트레이닝복이나 승복의 회색 외에도 차가운 회색^{cool grey}과 따뜻한 회색^{warm grey}이 있다. 어렵지 않다. 같은 회색이라도 여름 티셔츠에 어울리는 시원한 회색, 겨울 코트에 맞는 따뜻한 회색이 있다는 것이다. 따라서 같은 온도끼리(시원한 회색 + 시원한 회색) 매치해야 색이 조화롭게 느껴진다. 검정색과 흰색을 섞어서 만들어지는 회색에는 그 짙음과 옅음의 차이가 있지만 그 무엇보다 회색의 온도를 통일해서 입는게 제일 중요하다.

둘째, 회색이 단조롭게 느껴질 때면 화이트나 블랙을 매치하자. 블랙 앤 화이트처럼 그레이 + 화이트 + 그레이, 그레이 + 화이트 + 블랙 매치는 가장 쉽게 회색의 단조로움을 날려버린다.

차가운 회색   따뜻한 회색

셋째, 어쩌다 회색에서 일탈을 하고 싶다면 원색, 형광색, 파스텔색 소품(가방, 운동화, 액세서리 등)을 매치해보자. 예를 들어 회색 + 원색 파랑, 회색 + 형광노랑, 회색 + 민트는 남녀를 불문하고 모두에게 잘 어울린다.

블랙도, 회색도, 그 온도와 다양성을 떠올리며 입다보면 삶을 전제로 색을 입고 주창했던 이들처럼 내 것으로 만들 수 있을 것이다. 무채색에 기대고 싶은 만큼 기대고, 즐기고 싶은 만큼 즐기자.

그렇게 삶이라는 정글에서 원하는 대로 포효하는 사자가 되길!

살 찐 기분의 여자

Q. 언제나 다이어트 중

난 늘 다이어트를 하고 있었던 것 같다. 특히 대학 신입생 때 고3 때 찐 살을 빼느라 진짜 힘들었다. 취직 후 지금의 남편을 만나 결혼할 때도 웨딩드레스 때문에 다이어트를 하다 결혼식 날 아침엔 링거를 맞았다. 두 살 터울로 아이를 낳으면서 순식간에 고3 때 몸무게를 가뿐히 뛰어넘었다.

요즘 남편이 TV 속 날씬한 여자 연예인을 볼 때면 화도 나고 남편에게 내가 아직도 여자일까 싶다. 살 빼면 다시 옛날 옷을 입을 거라서 요즘 주로 남편 옷을 입고 있다. 처녀 때 입던 옷들을 가끔 거울 앞에서 대보면 서글퍼진다. 오랜만에 새 옷을 사러 가서는 탈의실에서 옷을 입어보고 좌절했었다. 괜히 '옷이 작게 나왔네!'라고 혼잣말을 하며, 분명 XL 사이즈가 맞지만 M 사이즈를 계산했다. 그렇게 옷에 몸을 맞추려고 든다.

뭐든 잘하는 처녀같이 날씬하고 예쁜 애 엄마들이 많은데… '나는 뭐가 부족해서 저들만큼 못하는 걸까?' 싶어서 우울해진다. 몇 달 뒤면 육아 휴직이 끝나서 복직을 해야 한다. 맞는 옷도 없는데 도대체 뭘 입고 가야 할까?

난 살찐 불량품 같다.

A. 자존감 입히기

옷이 맞지 않아서 서글퍼지고, 또 안 맞는 옷을 사는 데는
다 그만한 이유가 있다. 솔직히, 살이 쪘다고 인지하는 순간
무엇을 입든지 만족하기 어렵다. 여자는 유행하는 옷이나 특
정 사이즈가 잘 맞을 때 자신의 신체에 대해 만족감을 느끼
기 때문이다. (남자는 키에 대한 만족도가 중요하다.) 옷이 꽉 낄
때면 그래서 짜증이 나는 것이다. 특히 보통 여자들은 하체
에 대한 만족도가 낮은데, 엉덩이나 허벅지에 살이 찌게 되
면서 옷 사이즈가 늘어나니 더 그렇다. 이럴 때 자신의 상태
를 분명하게 알면서도 잘못된 사이즈의 옷을 사는 것은 우
리 내면 속 자아의 양면성 때문이다.

우리는 주체적 존재인 '나(I)'와 사회 속 하나의 개체인
'나를(Me)'이 개인과 사회 속에서 자기(I & Me)로 공존하는
사회적 동물이다. 그래서 자신의 외모(신체 + 패션)에 대한
사회의 평가나 자신의 만족도가 낮으면 균형을 잃은 두 자
아가 충돌하면서 자신을 객관적으로 보며 XL 사이즈를 골랐

더 많은 이들이 '내 몸은 이래.
있는 그대로 받아들일 거야' 하고
말하게 된다면,
'가슴 크기는 이래야 한다'
따위의 생각은 자취를 감추게 될 것이다.

도나 로 부시

다가도 M 사이즈를 집게 된다.

변화된 몸 때문에 지금 여자, 아내, 엄마 역할에 대해 스스로를 정의 내리기 어려울 것이다. 사실 아내도 엄마도 다 처음 해보는 역할이니 그럴 수 있다. 탓하거나 몰아세우지 말고 남편 옷 입기부터 멈추자. 여자로서 자기 정의를 확고하게 하기 위해서 말이다.

그리고 옷장 속 안 맞는 처녀시절 옷과 작별하자. 그 옷은 추억의 하나이지만 지금은 과거의 자신과 비교하게 만드는 요소일 뿐이다. 출산 후에는 살을 빼도 처녀 때 옷이 예전처럼 맞질 않는다. 기부하거나 중고로 팔자. 살 빼고 입을 만한 옷들은 몽땅 옷장에서 빼서 상자에 넣자. 입을 수 있을 만큼 살이 빠지면 그때 꺼내자.

심리학자인 위클룬드와 골비처는 사회문화적 상품(옷, 액세서리)으로 자기완성을 하기 위한 조건 중에서 '자기 정의의 완성에 대한 동기'와 '실제로 접할 수 있는 상징적 물건'이 있다고 했다. 그러니 여자, 아내, 엄마, 회사원으로서 어떻게 보이고 싶고, 느끼고 싶은지를 정하자. 어떤 옷이나 액세서리가 있으면 좋을지도 실제로 구매 가능한 상품으로 적고, 하나씩 마련하자.

잘 차려 입는다는 것은
비싼 옷을 걸치거나
정장을 하는 문제가 아니다.
누더기를 걸쳐도 상관없다.
문제는 그 옷이 당신에게
잘 어울리는가 하는 것이다.

루이즈 네벌슨

표 8. 자기완성을 위한 자존감 스타일링

자기 정의	목적과 동기	아이템
여자	거울 앞에서 여자로 느껴지고 싶다.	A라인 스커트, 레이스로 된 모든 아이템, 아이보리색이나 파스텔 톤 옷, 예쁜 속옷, 머리 다듬기, 향기 좋은 바디로션
아내	처녀 때 모습을 간직한 아내	흰색 캐주얼 셔츠, 살짝 찢어진 연한 청바지, 에코백과 컨버스 운동화, 헤어밴드
엄마	편안하지만 후줄근하지 않은 엄마	저지 롱 원피스, 롱스커트, 스카프, 심플한 반지, 모던한 선글라스, 세련되고 편안한 신발
회사원	여전히 일 잘하는 최대리	6센티미터 힐, 엉덩이를 덮는 롱 재킷, 귀걸이, 향수, 선명한 입술색을 위한 립스틱

　그대는 절대로 불량품이 아니다. 살이 찌더라도, 몸과 마음이 상처를 입어 원치 않는 모습이 되었더라도 말이다. 그 마음을 거두고 비교를 멈추고 자신을 어여삐 보자.

　언제나 나는, 남의 편이 아니라 내 편이 되어 주어야 한다. 입고 걸치는 것으로 비교나 자기 부정에 빠지지 않도록 스스로에게 주문을 걸자. 변화란 눈에 보이지 않게 진전되고 뒤돌아보면 놀라게 되는 것이다. 무엇이든 한 번에 바뀌기는 어렵다. 갑작스럽게 변화를 시도하기보다 할 수 있는 것부터 바꾸고 몸과 자존감을 바르게 정의해서 자기완성에 다다르길 바란다.

남자가 멋지게 나이 든다는 것

Q. '멋'있는 남자란?

남자의 멋이라는 게 무엇일까? 하며 방황하고 있다. 배 안 나오고 머리숱이 많으면, 과장이나 차장을 빨리 달면, 그게 멋일까? 맞춤 양복에 희한한 이름의 브랜드를 줄줄 꿰고 있는 것, 외제차를 내 돈으로 사면, 그게 진짜 멋진 걸까? 그게 남자의 멋일까? 왠지 부유물처럼 붕 떠 있는 말 같다.

친구들이랑 한잔 하러 나가서 이런 말을 하면 헛소리한다며 술이나 마시라고 하고 SNS에 올리면 감성 글이라며 놀려댄다. 난 30대가 남자로서 내가 누구인지에 눈을 뜨기 시작하는 나이라고 생각한다. 아저씨가 아니라 남자로 신사로 멋있게 깊고 짙은 남자다움을 풍기며 기억되고 싶다. 어떻게 하면 좋을까?

A. 짙은 남자인 그대

『로마인 이야기』로 유명한 시오노 나나미는 책 『남자들에게』에서 남자의 멋에 대해서 이렇게 말했다. (그 일부만 간추렸다.)

1. 언제나 나이를 기억하고 억지로 젊은 척하지 말 것.

   마흔이 넘었다면! 누가 봐도 가관인 건 실존한다.

2. 웃음을 저렴하게 바겐세일 하지 말 것.

   웃음을 싸게 파는 남자에게 난 질려 있다.

3. 나이 들수록 상냥할 것.

   젊음의 가능성엔 거만한 게 어울린다. 나와 남의

   한계를 경험한 나이는 부드러워져야 한다.

4. 할아버지가 되어서도 남성미를 가질 것.

   늙어서 안 된다는 건 멋지게 나이 드는 것의 적이다.

그녀는 '멋'을 알리는 통로자로서 현학적이기보다는 군더더기 없이 톡 쏘는 맛이 있는 사람이다. 또, 어떤 면에서는 패션계 종사자들보다 더 통찰력 있게 남자의 '멋'을 논한다. 그녀는 책 표지에서 이렇게 말한다.

매력 있는 남자란 자기 냄새를 피우는 자다. 스스로 생각하고, 스스로 판단하고, 무슨무슨 주의, 주장에 파묻히지 않고 유연한 사람. 그러니 더욱 예리하고 통찰력 있는, 바로 그런 자다.

옷을 미학적 관점으로 보는 '복식 미학'에서는 남자가 외모 치장을 중시하는 것을 '유미주의-댄디즘(겉치레, 허세)'이라고 한다. 이들의 상징인 공작새는 아름다움, 순수성, 지속성을 나타낸다. 물론 부정적인 부분도 있다. 댄디즘으로 유명한 오스카 와일드가 쓴 젊음과 아름다움에 집착한 『도리언 그레이의 초상』처럼 외형에만, 껍데기에만 치우칠 수도 있기 때문이다. 그러나 근래에서 와서 댄디즘은 자신을 아끼고 표현해야만 하는 '자기 PR'의 시각적 표현방법이 되는 것 같다. 빅데이터 정보처럼 사람도 넘쳐나다 보니, 구구절절한 말보다는 이미지로 자신의 존재감과 생각을 드러내야 하는 시대가 온 것이다.

현 시대의 짙은 멋이 풍기는 남자는 자신의 방향성을 드러내는 남자이다. 긴 머리를 한 채 빅데이터를 분석하는 송길영 다음 소프트의 부사장은 머리를 기르는 이유가 사람들이 자신을 기억해주고 알아보기 때문이라고 했다. 그만의 자기 브랜딩인 것이다. 또한 그는 주문 제작한 셔츠 소매 끝단에 자신의 이름 이니셜 대신 'Mining Minds(마음을 캐다)'라는 자신의 삶에 대한 원칙을 새긴다고 한다. 옷이나 멋이 자기 브랜딩을 위한 매개체인 것이다.

진한 콧수염을 한 멋쟁이 사업가는 콧수염에 대해 '수염은 저를 기억하기 쉽도록 해주는 포인트가 되요. 사업할 때 일정 부분 외모가 명함도 되고 광고 역할도 하는 거죠'라고 했다.

흡사 지드래곤을 연상시키는 패셔너블한 50대의 패션 대기업의 임원 중 한 분은 매번 임원 회의에 들어갈 때도 이 패션을 고수한다. 그는 '전 이게 좋아요. 또 이 차림새를 사장님도 좋아하세요. 제가 있으면 회의 때 구태의연한 발언이 줄어든다네요'라고 말했다.

프리미엄 안경 브랜드인 '프레임 몬타나'를 운영하는 최영훈 대표는 클러치도 크로스백도 아닌 에코백 재질의 작은 토드백을 멋스럽게 소화하곤 한다. 불룩한 바지 주머니도, 중년 남성이 잘못 들면 일수 가방처럼 보이는 클러치도 지양하기 때문이다.

현실에서 짙은 멋짐을 풍기는 이들은 점점 자신의 스타일에 삶의 관점과 지향하는 바를 담고 있으며 이를 무기로 활용하고 있다.

완숙한 남자들에 대한 패션계의 시선도 변했다. 60대 할아버지가 패션워크 런웨이를 압도하고, 글로벌 디자이너들이 동묘시장의 아저씨 패션을 본떠서 컬렉션을 디자인한다. '남자의 멋'은 정형화된 것이 아니며 어떤 시간 어느 장소에 있든지 삶의 관록에 따라 얼마나 자신을 보여주느냐로 변모했다. 따라서 나이가 들수록 짙어지는 멋진 남자란, 저마다의 방향성을 가지고 멋을 내며 농익은 자신들만의 삶을 드러내는 이들일 것이다.

덧붙여서 여자가 바라는 멋있는 남자에 대한 생각을 팝 가수 샤니아 트웨인의 말을 빌려서 전해 본다.

> 남자는 브래드 피트처럼 멋질 필요도 없고,
> 근사한 차를 가지고 있을 필요도 없고,
> 또 로켓 과학자일 필요도 없다.
> 필요할 때 곁에 있어 주기만 하면 된다.

수트 핏을 위해 헬스장에서 근육을 만들 시간에 연인의 이야기를 묵묵히 들어줄 고막의 근육을 만드는 게, 여자들

삶의 목적은 자기 계발이다.
자신의 본성을 완벽하게 실현하는 것,
바로 그 목적을 위해
우리 모두가 지금 여기 존재한다.

오스카 와일드

이 바라는 사랑을 대하는 진정한 남자의 멋 같다. 그리고 이 점이 할아버지가 되어서도 남성미가 느껴지는 완숙한 남자가 되는 방법이 아닐까? 댄디즘의 상징인 공작새는 대부분의 새들처럼 수컷이 암컷보다 더 아름답다. 수컷 새의 아름다움은 종족 번식을 위해 진화했다는 설이 지배적이지만, 또 다른 가설도 있다. 바로 천적의 공격을 받을 때 암컷보다 아름다운 수컷이 천적의 눈에 먼저 띄어 암컷을 보호하기 위해서라고 한다. 결국 남자에게 있어서 아름다움은 삶을 위한 지혜이다.

삶과 사람을 대하는 남자만의 '태도Attitude'로, 멋을 내자.

현 시대의 '남자의 멋'은 무조건 젊게 입고 신상 향수를 쓰는 그런 멋부림이 아니다. 변화가 찾아오면 그 새로움을 삶의 연륜에 따라 선별하고 왜 그렇게 골랐는지 당당하게 말할 수 있는 자신만의 철학이 있는 것이다.

개똥철학이라고 해도 어떠랴. 새로움을 받아들이고 멋을 통찰하는 자신만의 기준이 있는 이가 진짜 멋을 부릴 줄도 다룰 줄도 아는 남자이다. 그런 멋은, 보는 이들을 설득하고 추종하진 못하더라도 지지하게 만든다. 이런 남자야말로 그 나이가 몇이든, 남자애도 아저씨도 할아버지도 아닌 짙은 남자다움을 풍기며 완숙해가는 멋진 남자다.

서른, 나이듦 그리고 스타일

Q. 나이듦이 스산할 때

정신을 차려 보니 김광석의 〈서른 즈음에〉란 노래에 눈물 콧물을 쏙 빼는 나이가 되었다. 옷장에 있는 10대나 20대 초반에 즐겨 입던 옷을 입고 나가거나 그 비슷한 스타일을 살 때면 '어후, 야…. 이런 건 20대 때나…'라는 말을 듣는다. 난 아직도 그 스타일이 좋은데 말이다. 엄마 아빠가 옛날 옷을 못 버리시는 마음을 알겠다…. 또 환갑 언저리에 부모님이 새빨간 등산복을 사신 것처럼 아직은 좀 젊다고 느끼고 싶은 마음과도 비슷할 것이다.

서른은 아직 젊다면 젊고, 많다면 많은 나이라 그런지 곧 중년이 된다는 생각을 하면 가끔 밑도 끝도 없이 우울해지고는 한다. 어린 나로도 살고 나잇값을 제대로 하는 모습도 보여주며 멋지게 나이들고 싶다. 둘 다의 나로 살 수 있는 스타일링 방법은 없을까? 그렇게 옷장을 채울 수는 없을까?

A. 어중간한 청춘

영화 〈나니아 연대기〉에서 옷장은 전혀 다른 세계로 향하는 통로였다. 그런 상상력이 발휘될 만큼 우리의 옷장 안에는 타임캡슐처럼 보존된 과거의 것들이 스마트폰 속 이미지가 아닌 실존하는 형태로 남아 있다. 옷장은 개인의 취향을 반영한 것들로 가득 채운 '분더캄머Wunderkammer'이기도 하다. 분더캄머는 박물관이나 미술관의 기원이라고 하는데 이렇게 거창한 의미 외에도 카메라가 보급되기 이전에 기억하고 싶은 것들로 채운 방을 뜻했다는 설도 있다.

옷장은 단순히 옷을 보관하는 '장'을 넘어 그 안에 담긴 옷들을 고른 이의 취향과 함께 시간의 기억들이 스며들어 있는 것이다.

30대는 삶을 헤쳐가는 요령을 조금 깨우쳤지만 아직은 불투명한 미래에 휘둘리는 나이라 이제 젊음이 끝났다고 느낄 때면 된서리를 맞은 것처럼 착잡하다. 그래서 옷 입기도 옷장을 채우기도 어중간하다.

젊음과 나이듦을 넘나들며 받아들이기 위해서, 스타일을 재정의하고 어떻게 스타일링할지 결정하자.

스타일이란?

첫째, 스타일은 기록을 모은 중독성 높은 스토리이다. 스타일은 단기간에 이루어지기 어려운데, 다양한 아이템이나 룩look을 취향과 상황에 따라 연출하고 도전해 본 연륜의 기록이기 때문이다. 그래서 스타일을 접하는 사람들은 마치 미스터리 소설 속 탐정처럼 자신도 모르게 성향과 특징을 시각적으로 느끼고 추측하고 추종하게 된다. 스토리성이 짙다 보니 스타일은 중독성이 있어서 특정 스타일을 즐기다 보면 장기간 고수하게 되며 늘 비슷한 스타일의 옷을 사게 만든다.

둘째, 스타일은 종합 선물세트 같다. 스타일은 발생한 시점의 시대, 문화, 인물, 패션, 음악, 미술, 문학, 대중문화, 성격과 가치 등을 모두 담고 있는 경우가 많다. 스타일에 따라 그 깊이와 폭에 등락이 있을 수 있다.

K팝이나 방탄소년단처럼 특정 스타일이 한 지역이나 나라를 대표하거나 한 시대를 풍미하는 경우도 많다. 패션업계

는 돈을 벌고 대중은 새로운 트렌드를 체화한다는 의미에서 동질감과 재미를 느낀다. 물론 획일적인 스타일의 유행은 다양성을 저하시키기도 한다.

셋째, 스타일은 끝없이 반복되는 진화의 선택이다. 유행의 반복을 복고(레트로Retro)라고 표현하는 데 이 스타일에는 과거와 현재를 관통할 만한 포인트가 있다. 즉, 스타일이 유행의 순환이라 할지라도, 그 시대의 선택에 따라 재해석된 것은 세대를 초월해서 공유 가능한 가치로 진화된 것이기 때문이다. 73세에 캘빈 클라인의 속옷 광고에 출연한 모델이자 영화배우인 로렌 허튼은 '패션은 디자이너가 1년에 네 번 제공하고 스타일은 당신이 선택하는 것이다'라고 했다.

젊음과 나이듦을 넘나드는 스타일링이란?

첫째, 2:8 비율의 파레토 법칙에 따라서 현재에 과거의 스타일을 가미하자. 스타일은 소비자가 선택한 진화이다. 따라서 '아무도 모른다. 그러나 누가 보아도 그런 줄 아는 것이 스타일이다'라는 시오노 나나미의 책 속 한 구절처럼 스타일은, 삶이 녹아든 매혹적인 습관이자 지혜로운 취향의 발현이어야 한다.

그러니 파레토 법칙처럼 과거를 2 현재를 8 섞어서 2:8 스타일링을 하자. 파레토 법칙은 경제학자였던 파레토가 만들어 낸 것으로 전체를 100퍼센트로 봤을 때 20퍼센트 정도의 소수에게 나머지 80퍼센트가 영향을 받는다는 의미이다.

패션 브랜드들도 이 방법을 쓴다. 로고, 스타일, 바느질 방법 같은 전통의 원형은 2 정도 유지하며 새로운 기술, 트렌드, 디자인을 8 정도로 해서 브랜드를 운영한다. 그러니 어릴 적 아이템과 취향을 2, 지금 나이에 맞는 아이템을 8로 섞어서 스타일링 해보자. 어린 시절의 추억이 담긴 감성은 브랜드의 전통과 맞먹는 가치이다.

10년 된 셔츠, 중학교 때 열광했던 캐릭터 소품, 올해 산 바지, 거금 주고 마련한 코트 등 과거와 현재의 아이템을 2:8 비율로 섞어서 스타일링 해보자.

이 모습에도 부정적인 사람이 있을 것이다. 필요하다면 수용하고 단순한 참견이라고 느껴지면 흘려버리자. 브랜드들도 대중적인 의견을 수용하려고 널뛰기를 하다가 팬과 다름없는 단골 VIP 고객들을 놓치기도 한다.

자존감은 '나'라는 브랜드의 VIP다.

자신을 위해서 지킬 것은 지키며 불필요한 생각들과 매

일 조금씩 이별하길 바란다.

둘째, 멋있게 나이들려면 나이듦을 온전히 자신만의 스타일로 받아들이자. 입을 수도 없고 추억도 미미한 옷들은 사진으로만 남기고 옷장에서 빼자. 나이 대에 맞는 새로운 스타일을 채우자. 그리고 부모님의 빨간색 등산복처럼, 빨강이 좋아 보인다면 내 스타일의 빨강을 찾자! 시간의 흐름은 때때로 거스를 수 없는 것도 있다.

우리 눈을 구성하는 수정체는 시간이 지나면 투명한 젤리 폰케이스처럼 누렇게 빛이 바랜다. 몇 십 년에 걸쳐 이루어지기 때문에 실제로는 인지하지 못한다. 다만 선글라스를 끼고 보면 색깔이 조금 달라 보이는 것처럼, 노래진 수정체로 보는 푸른색은 예전과 다른 생경한 느낌을 준다. 그래서 나이가 들수록 노란색이나 따뜻한 계열의 붉은색을 선호하게 된다.

나이듦에 좌절하기보다는 나이에 맞게 스타일을 변화시키는 게 더 좋은 선택이다. 어떻게 입어야 할지 모른다면 원하는 스타일의 비슷한 나이 또래의 유명인을 참고하는 것도 좋다. 이것은 나이가 든 새로운 나의 목소리에 귀 기울이고 존중해 주는 행위이다.

당신이 누구인지,
당신의 옷 입는 방식과
살아가는 방식으로
무엇을 표현하고 싶은지
스스로 결정하라.

지아니 베르사체

상대방을 이해하는 것이
무조건 그쪽 의견에 동의하거나
당신이 틀리고 그 사람이 옳다는 것은 아니다.
그 사람의 말과 행동을
인격적으로 존중해 주라는 뜻이다.
상대방의 입장, 그 사람이 옳다고
믿고 있는 사실을 충분히 그럴 수 있다고
귀 기울이고 받아들이는 것이다.

조너선 로빈슨

우리 삶의 면면들은 '스타일'이라는 미명하에 옷장 안에 담기게 된다. 현재를 살면서 과거를 기억하고 미래를 꿈꾸기에 인간은 3차원에서 산다고들 한다.

옷장 안에 실존하는 옷으로 채워진 과거와 현재를 살며 미래의 나를 계획하길 바란다. 나이듦을 신경 쓴다는 것은 미래를 생각한다는 뜻이기도 하니까. 옷장 한편에 미래의 자신을 그리는 옷 한 벌을 걸어둬 보면 어떨까?

소비의 당나귀 귀

Q. 소비의 이면

친한 동창 모임에서 한 친구의 명품 가방이 눈에 들어왔다. 시선을 느낀 친구가 '이거 가짜야'라고 하자 모두들 한마디씩 했다. 체면 때문에 산다는 친구, 유행 타는 디자인은 '가짜'를 산다는 친구, 최고등급 가짜가 어정쩡한 브랜드보다 좋다는 친구, 공방에서 자기가 직접 만들어서 가짜라도 정성은 명품이라는 친구까지 참 다양했다. 난 36개월 할부로라도 진짜를 사는 타입이라 가만히 있었다. 백화점에 가서 받는 특유의 서비스가 나는 너무 좋다. 또 다른 한 명은 그 돈으로 SPA브랜드 세일 때 옷을 수십 벌씩 사는 게 더 좋고 스트레스도 풀린다고 하자, 다들 그건 또 그렇다며 입을 모았다. 홧김에 사서 마음에 안들 때도 있다. 그렇다. '시발비용'이다!

또 카페 브랜드의 컵이나 색조 화장품을 색깔별로 모으는 친구, 게임 캐릭터나 만화 피규어에 돈을 쏟아 붓는 친구도 있다. 사실 나는 종종 늦은 밤에 핸드폰으로 자질구레한 것들을 마구 주문하고는 몇 주씩 택배 박스 그대로 방치해두는 '탕진잼'을 즐긴다. 이런 소비가 돈을 버는 보람을 느끼게 하고 스트레스 해소도 되지만, 문득 내가 무엇을 위해서 이렇게 살고 있는 것인가 싶은 생각이 들었다.

A. 결핍을 채우는 소비

대접받기 힘든 세상에서 '소비'는 즉각적인 보상이 된다. 비싼 명품의 서비스 만족도나 체면이 중요한 한국의 실정도 무시할 수는 없다. 그렇다고 타인의 노력과 권리를 침해하는 가짜를 두둔하기도 어렵다. 어쩔 수 없는 소비도 있다. '시발비용'과 '탕진잼'이다. 시발비용은 육두문자인 '18'과 '비용'

많은 사람들의 삶 대부분이
사물에 대한 도를 넘은
집착으로 소비되고 있다.
우리 시대의 병적 증상 중 하나가
물질 과잉인 이유가 여기에 있다.
더 이상 자기 본래의 삶을 느끼지 못할 때
사물로 삶을 채우려고 시도하기 쉽다.

에크하르트 톨레^{Eckhart Tolle}

을 조합한 신조어로 과도한 스트레스로 인해 의도치 않게 돈을 쓰는 것을 말한다. 탕진잼은 '탕진하다'와 '재미'를 조합한 것으로 스트레스 해소용으로 작은 사치를 누리는 것을 뜻한다.

'시발비용'과 '탕진잼'은 자신이 재처럼 소진되지 않도록 하면서 다시 시작할 수 있는 시발점始發點을 마련하기 위한 현대인의 상비약 같다. 스스로 제어할 수 있는 금액이나 양을 정해두고 약간의 자유를 주도록 하자. 폐와 마찬가지로 마음도 숨을 쉬게 해줘야 한다. 미국 전국소비자연맹의 초대 사무국장이었던 플로렌스 켈리Florence Kelley는 '산다Live는 것은 산다Buy는 것이다'라고 했다. 때때로 우리는 살기Live 위해서 살Buy 필요가 있다.

중요한 것은, 우리 마음이나 자존감이 계속해서 소비로만 스스로의 감정을 달래도록 방치해서는 안 된다는 점이다. 물건을 사기 위해서 존재하고 일하는 기분이 들거나 소비에 지나치게 빠져 있다면, 자존감의 상태가 좋지 못하거나 이로 인한 스트레스로 일종의 고함을 지르고 있는 것이다. '임금님 귀는 당나귀 귀' 같은 고함을 말이다.

'임금님 귀는 당나귀 귀'의 실존 인물인 경문왕은 어진 사람이었지만, 뱀을 이불로 삼아서 자야 할 정도로 신변에 위협을 느꼈다고 한다. 그래서 경문왕은 부인에게마저 자신의 독특하게 생긴 귀를 숨겼을 정도로 사람을 믿지 못했다. 왕관을 써야 하니 어쩔 수 없이 두건 기술자에게만 자신의 귀를 보여 주며 비밀유지를 신신당부했다. 세월이 흘러 노쇠한 두건 기술자는 죽기 직전에 한풀이 삼아 '임금님 귀는 당나귀 귀 같다네'라고 대나무 숲에다가 외쳤다.

그 후로 어찌된 영문인지 바람이 불면 이 소리가 메아리 쳤고 경문왕의 귀가 당나귀의 귀 같다는 소문이 났다. 놀란 그는 대나무를 모두 베고 산수유를 심으라고 명을 내렸다. 『삼국유사』에 따르면, 산수유를 심은 뒤에는 바람이 불면 '임금님의 귀는 길다네'로 들렸다고 한다(산수유의 꽃말은 '영원불변'이다).

'시발비용' '탕진잼'은 마치 두건 기술자의 마지막 외침처럼 자존감이 우리에게 전하는 무언의 메시지이다. 소비로 스트레스나 아픈 감정이 약간 해소될 수는 있겠지만, 대나무를 베고 산수유를 심는 것 정도의 효과일 것이다. 당장 모든 소비를 끊는 것은 오히려 금단 증세를 불러일으킬 수도 있다. 옷, 가방, 신발, 소품 등이 어느 정도 있는지 가늠할 수 있도록 핸드폰으로 사진을 찍고 따로 '당나귀 귀' 폴더를 마련해서 저장해두자. 택배가 집에 쌓여 있다면 이것도 찍어 두자. 그리고 살까 말까, 돈을 쓸까 말까 할 때마다 꺼내어보자.

우리는 소비가 아닌 가치를 소유하는 삶을 살아야 한다. 무소유만이 정답은 아니다. 소비가 주는 소유라는 만족감도 분명히 있기 때문이다. 다만, 저렴하고 단 한 개를 가지고 있더라도 스스로 가치를 부여할 수 있는 '가치 소비'를 더 지향할 수 있게 스스로의 마음을 돌보자는 것이다. 그래도 소비에 대한 갈증이 느껴질 때면 자존감 테스트를 해 보자. 총점보다는 어떤 질문에 낮은 점수를 매기는지 보며 스스로를 되짚어 보자. 자존감의 공허함을 자신에게만은 숨기지 말고 털어놓자. '왜?'라고 다그치지 말고 찬찬히 기억 속으로 산책하듯이 들어가서 자신과 마주해 보자. 낮아진 자존감을 찾고 알아봐 주는 시간을 소비하다 보면 물건을 사는 데 쓰는 시간이 자연스럽게 줄어들게 될 것이다.

만약 자존감이 건강한 상태이고, 스트레스 상황도 아니

때로는 낭비로 보이는 소비도 필요하다.
인생은 비합리적이며
모순을 지닌 채
앞으로 나아가는 것이기 때문이다.

요한 볼프강 폰 괴테

며, 구매한 물건이 무엇인지 다 기억하는 계획적인 소비를 하고 있다면, 자신이 미니멀리스트가 결코 될 수 없는 '맥시멀리스트'임을 인정하자. 자신을 인정한다는 것은 용감한 행동이다. 용감해지자! 다만 인생을 둘러싼 모든 것에 맥시멀리즘을 추구하는 것을 예방하기 위해서 그 범위를 정하면서 스스로의 취향을 존중하자.

흔들리는 미의 기준

Q. 못생긴 내가 밉고 싫다!

나를 그만 미워하고 싶은데…. 그게 잘 안 된다. 난 못생겼다. 인상도 나쁘다. 그냥 쳐다본 것인데 왜 째려보냐며 시비가 붙은 적도 있다. 인상이 이러니깐 뭘 입어도 별로인 것 같다. 누군가 나를 칭찬하면, 놀리는 것 같고 동정 같다. 얼굴을 다 갈아 엎어버리고 싶다. 난 내가 싫고 밉다.

우연히 동영상 사이트에서 도브^{DOVE}라는 회사의 '당신은 당신이 생각하는 것보다 아름답습니다'를 봤다. 나도 내가 생각하는 것보다는 괜찮은 걸까? 아니면 또 다른 희망 고문일까?

A. 아름답다고 생각하게 만드는 지혜

글로벌 기업 도브는 '당신은 당신이 생각하는 것보다 아름답습니다^{Dove Real Beauty Sketches-You're more beautiful than you think}'라는 캐치프레이즈를 걸고 이와 관련된 실험을 한 적이 있다. 이 실험의 동영상을 보면 FBI에서 트레이닝을 받은 몽타주 전문가가 참가자의 얼굴을 보지 않고, 두 참가자 그룹의 설명만 듣고 몽타주를 그린다.

왼쪽 스케치는 참가자 A가 직접 자신의 외모를 설명하는 것을 몽타주 전문가가 듣고 그린 것이다.

오른쪽 스케치는 참가자 B가 A를 만난 후에 B가 본 A의

도브 실험의 참가자 A가 자신을 설명한 것을 그린 그림(왼쪽), 참가자 B가 A를 설명한 것을 그린 그림(오른쪽). https://youtu.be/litXW91UauE

나는
조용하고
까다롭고
영원한 동반자인,
몸과 함께 산다.

외젠 들라크루아 Eugène Delacroix

외모를 몽타주 전문가가 듣고 그린 것이다.

두 가지 몽타주가 완성되면 그 스케치를 나란히 놓고 A(본인)에게 보여 준다. 대부분 B(타인)가 설명한 오른쪽 스케치가 본인이 직접 설명한 왼쪽 스케치보다 훨씬 더 실물에 가깝고, 젊고, 매력적이고, 행복해 보였다. 똑같은 사람인데도 말이다.

그렇게 참가자들은 자신이 생각해 온 것과 다른 스스로의 객관적인 아름다움을 목격하고 놀라게 된다. 동영상 속 참가자들은 자신의 외모를 설명할 때 주로 '내 턱이 아주 크다고 했어요'처럼 자신의 외모를 부정적으로 평가한 사람들의 말에 기대어 표현했다. 이들의 외모에 대한 부정적 평가는 가까운 가족부터 친구나 타인까지 다양했다. 사랑과 관심이 전제된 '평가'에도 우리는 상처받는다. 그리고 그 사랑과 관심 때문에 '평가'가 잘못됐을 수도 있음을 알지 못한다. 우리는 우리가 느끼는 것보다 더 아름답다.

자존감은 주관적이고 상황에 따라 이리저리 흔들리다 보

니 스스로의 생김새조차 제대로 못 보게 만든다. 매일 보는 자신의 얼굴도 있는 그대로가 아닌 타인이나 세상의 잣대에 휩쓸려서 못나 보이게 만든다.

매혹적인 여배우들조차 몇몇 이들의 부정적인 말이나 댓글에 휘둘려 자신이 아름답지 못하다고 느낀다. 극단적인 경우에는 거식증과 폭식증을 겪거나 과도한 성형수술로 본래의 아름다움이 퇴색되기도 한다. 분명히 거울은 그들이 얼마나 예쁜지 있는 그대로 보여주는데도 말이다.

부정적인 말은 우리의 자존감과 눈을 세뇌시킨다.

보통의 우리도 이런 말에서 자유롭지 못하다. 특히 인상이 나쁘다는 말을 들으면 못생겼다는 말보다 더 심각하게 고민하게 된다. 간혹 나쁜 첫인상을 가진 사람의 실제 성품이 못되고 가학적인 경우가 있다. 그래서 인상이나 관상을 신뢰하는 사람들도 있다. 하지만 관상은 많은 사람들의 특징을 유형화해서 통계를 낸 것일 뿐 한 명의 인간을 오롯이 이해할 수 있는 해답은 아니다.

관상가가 되기 위해『마의상서』라는 책을 공부했던 청년이 있었다. 공부에 매진하다가 문득 자신의 얼굴을 봤는데 온갖 나쁜 기운이 가득했다. 청년은 비통한 마음에 모든 걸 포기하려고 하다가『마의상서』의 한 구절을 떠올리며, 좋은 상을 가진 호상인好相人보다 좋은 마음을 가진 호심인好心人이 되기로 마음먹었다고 한다. 이 이야기 속 청년은 독립운동에 평생을 바쳤던 백범 김구 선생님이다.

> 얼굴 좋음이 몸 좋음만 못하고
> 몸 좋음이 마음 좋음만 못하다.
>
> 『마의상서』

　이런 글을 보며 새로운 마음을 먹어도, 가족이나 사회생활 속에서 만나는 이들이 무심결에 던지는 평가에서 우리는 자유롭지 못하다. 분명히 또 상처받을 것이다. 마음이란 아이는 참 여리고 또 여리다. 자존감도 그렇다. 그러니 방송인 이영자 씨처럼 하자.

누가 기운 빠지는 소리를 하잖아요?

걔를 인생에서 빼 버려요!

말에는 강력한 힘이 있다. 그러니 얼굴 평가나 외모 평가를 하는 '걔'를 인생에서 빼 버려야 한다. 만약 빼 버릴 수 없는 사람이 그런다면, 미켈란젤로처럼 하자.

미켈란젤로가 다비드상을 조각할 당시에 한 관리가 다비드상의 코가 너무 높다고 말한 적이 있다. 미켈란젤로는 그 자리에서 바로 코에 정을 내리쳤고 '쩡' 하는 소리와 함께 돌가루가 후두둑 떨어졌다. 그러자 관리는 '딱 보기 좋다'고 말하면서 만족스럽게 제 갈 길을 갔다고 한다. 그러나 사실 미켈란젤로는 다비드상의 코를 고치지 않았다. 고치는 시늉으로 소리만 내고 애먼 돌가루만 흩뿌렸을 뿐이다.

우리도 그래야 한다. 훈수쟁이들이 더 많은 말을 하기 전에 '아 그래요?'라고 응해주되 한 귀로 듣고 한 귀로 흘리자.

물론 그중에 진짜 걱정해서 또는 도움이 되는 말이 있을 수도 있다. 하지만 안 들릴 것이다. 나쁘거나 독선적이어서 그런 게 아니다. '곳간에서 인심 난다'는 말처럼 지금 내 마음의 곳간이자 내 자존감의 곳간이 텅 비어 있어서 그렇다.

좋은 말도 좋게 받아들이고 응해 줄 여력이 없는 것이다. 예전 같으면 신경도 안 쓸 말이 이럴 때는 아프다.

그러니 구구단을 외웠던 것처럼 자신이 얼마나 아름다운지 되뇌며, 마음의 상이 좋은 사람이라 여기며 자존감의 곳간을 채우자. 그렇게 호심인이 되길!

타인의 스타일

Q. SNS 그녀에게 중독되다.

SNS 속 그녀의 먹는 것, 입는 것, 바르는 것부터 생각하는 방식까지 마음에 쏙 든다. 그래서 모든 걸 따라하고 있다. 그러다가도, '왜 그녀처럼 안 되지? 저렇게 관심받고 싶은데! 얼굴도 스타일도 비슷해졌는데, 세상은 왜 이렇게 불공평하지? 쟤는 왜 다 가졌지? 쟤가 뭐가 예뻐서 저렇게들 챙겨주지? 주변 사람들은 다들 왜 이렇게 착하고 멋져? 왜? 내 주변엔 왜 저런 사람들도 저런 친구들도 없지? 왜? 왜? 왜?' 종종 이런 생각이 든다.

이러다가도 그녀의 모든 것들이 하찮게 느껴진다. 그럴

때면 이런저런 것들을 트집 잡아서 뒷담화를 한다. 어떻게 하면 좋을까…?

A. 그녀라는 중독에서 벗어나기

포켓몬스터의 게임 버전에는 간판스타인 피카츄를 따라하는 '따라큐(일본명 미믹큐)'가 나온다. 외로움을 잘 타는 따라큐는 피카츄처럼 사람과 친해지고 싶어서 어설프지만 피카츄처럼 보이는 헝겊(옷)을 뒤집어쓰고 다닌다. 하지만 가짜라서 외면당한다.

만화 영화에서 따라큐는 피카츄를 싫어한다고 설정되어 있다. 따라큐의 랩도 있는데, 따라큐는 자신이 직접 헝겊(옷)을 만들었고 햇빛이 무서워서 피한다고 한다. 또 '옷을 들추면 안돼. 저주받을지도 몰라'라고 하며 '피카츄가 아니야, 따라큐야'라고 반복해서 랩을 한다. 혹시 SNS의 그녀를 따라하는 게 따라큐의 마음과 같지 않을까?

게임 스토리와 달리 대중들은 따라큐에 열광했는데 그가 안쓰럽고 또 그 마음이 귀엽게 보였기 때문이다. 그래서 따라큐 관련 내용을 보면 '피카츄'와 닮아서가 아니라 따라큐의 그 마음과 모습 그대로 받아들이고 친구가 되는 설정이 많다고 한다. 지금의 자신을 따라큐처럼 어여삐 봐주면 안 될까?

유명인이나 SNS 스타의 멋진 모습을 보면 눈길도 가고 한 번쯤 따라하고 싶어지곤 한다. 그들이 받는 관심과 사랑이 부럽고 질투가 날 수도 있다. 둘리Dooley는 다른 사람을 모방하고 싶은 욕구와 자신의 개성을 표현하고 싶은 욕구, 이 상반된 욕구가 유행을 형성하는 심리적 요인이라고 했다. SNS 속 그녀의 스타일을 유행처럼 즐기는 것은 자연스러운 현상이지만 무분별하게 추종한다면 자존감에 빨간불이 켜진 것이다. 자존감이 낮아지면, 자기 확신과 독립적인 성향이 약화되고 타인의 지지를 원하게 되어 유행을 복사하듯이 따라하게 된다고 한다.

사마천의 『사기』에는 '자신보다 10배 더 부자면 헐뜯고, 100배 더 부자면 두려워하고, 1000배 더 부자면 고용당하고, 자신보다 10000배 더 부자면 노예가 된다'라는 말이 있다. '부자' 대신 '유명하면'을 넣어도 뜻하는 바는 같다. 뒤집

남의 생활과 비교하지 말고
네 자신의 생활을 즐겨라.

콩도르세

어서 보면, 처음에는 SNS의 그녀가 자신보다 만 배쯤 더 잘나 보여서 추종했는데, 점점 알아 가면서 그녀가 열 배쯤 잘나 보이기 시작한다면 단점이 눈에 띄었을 수 있다. 그러나 그녀를 아무리 험담해도 비교를 전제로 한 자존감은 건강하게 키워지기 힘들다. 이 행동은 새벽 1시에 배가 고프지 않아도 먹는 라면처럼 심리적 공허함이 주는 허기와 같기 때문이다. 그래서 아무리 그녀를 따라하며 헐뜯는다 해도 마음이 충족되지는 못한다.

타인을 기준 삼아서 자신을 판단하고 관철시키는 것을 멈추자. 몸에 든 멍은 며칠이면 아물지만 이런 생각들은 메아리처럼 마음속을 맴돌며 걷잡을 수 없는 상처를 남긴다. 때때로 그런 것들은 뼛속 깊이 사무쳐 잊히지도 않는다.

나를 보는 기준은 내 안에서 시작돼야 한다. 먼저 그녀를 언팔로우 한 후 스마트폰을 끄고 샤워를 하고 편안한 옷으로 갈아입은 뒤 자존감 테스트를 하며 자존감을 살펴보자. '눈에서 멀어지면 마음에서도 멀어지게 된다'는 말을 실천하다 보면 서서히 '나'라는 온전함이 회복될 것이다. 그리고 나를 주인공으로 한 시나리오를 쓰듯이 '육하원칙 스타일링 차트'도, 'add-TPO'도 끼적여보자. '그녀처럼'을 벗고 '나'

'당신이 나를 좋아해 주길 바라' 같은
스티커는 이마에서 떼어내라!
그런 스티커들이 진가를 발휘할 장소에 붙여라.
바로 거울에!

수전 제퍼스 Susan Jeffers

를 내 인생의 주인공으로 삼자.

인정을 받으면 한껏 높아지는 자존심을 위해서 스스로를 칭찬하는 말을 하자. 말 한마디의 힘은 크고 변화를 일으키기 충분하다. '브라질에서 나비가 날아오르면 미국에서는 태풍이 인다'는 말이 있다. 칭찬의 나비효과를 경험해 보자.

칭찬을 자주 들으려면 먼저 주변을 칭찬하면 되는데, 그날의 옷차림이나 스타일링 능력이나 생활 태도, 행동에 대해 구체적으로 하는 것이 좋다. 이런 칭찬은 사춘기 미성년자에게 꼭 필요한데, 성인에 비해 뇌의 전두엽이 미성숙해서 지적이나 부정적인 말을 그대로 믿고 자기비하나 반항으로 이어지기 때문이다. 세상의 잣대와 끊임없는 타인과의 비교로 스스로를 모자란 사람이라고 폄하하고 있다면, 셀프 칭찬을 하며 축 처진 입꼬리와 어깨를 살포시 위로 올려 주자!

우리 몸은 비웃는 것만 아니면 진짜 웃음과 가짜 웃음을 분간하지 못해서 똑같이 엔도르핀이 생산된다고 한다. 자신의 기준에는 진짜 완벽한 최고가 아니더라도 '멋져, 완벽해, 최고야!'라고 스스로에게 반복해서 말하며 자존심을 세워 주자.

칭찬이 어렵다면, 일상적인 것에 대한 고마움을 표시하는

자신감은 내 몸에 걸칠 수 있는
어떤 옷가지보다 매력적인 아이템이다.

소피아 아모루소

'말'로 대신하자. 잘하면 당연한 듯 지나가고 못하면 혼내는 게 우리식 문화이다. 그러니 당연하게 여겨 지나치던 것들을 알아봐 주고 '고맙다'고 하면 그것도 일종의 칭찬이 된다. 나와 우리를 향한 작은 칭찬이, 내 몸의 자존심을 세우고 우리 내면의 맑음을 가져다 줄 자신감의 나비효과가 된다.

세상은 불공평하다. 신이 공평하게 나누어준 것이 시간이라면 악마는 '남과 비교하는 마음'을 준 것 같다. 비교는 습관이자 중독이다. 자존감, 자존심, 자신감, 자기완성은 남과 비교하려 들 때 우리 마음에 곰팡이가 피지 못하도록 하는 빛의 역할을 한다. 자신과 마주하며 내면의 빛을 만나는 것을 주저하지 말자. 자신을 그만 미워하자. 어렵더라도 자신을 들여다보고 자기 칭찬을 멈추지 말고 스스로를 매만지며 내가 싫다는 감정을 증발시키자.

혹여 '예쁘다'라는 칭찬이 폭력적으로 느껴진다면 사회의 정형화된 기준이 마음에 박혀 있을 수 있다. 그 가시를 마음에서 뽑아내려면 동화 『아낌없이 주는 나무』처럼, 자존감

누구에게도 많은 것을 기대하지 말고,
질투하지 말 것.
사랑하면 머물 것이고
아니면 떠나는 게 사람의 인연이니,
많은 것에 연연하지 말 것.
항상 배우는 자세를 잊지 말고,
자신을 아낄 것!

비비안 웨스트우드 Vivienne Westwood

에게 아낌없는 사랑을 스스로 주어야 한다. 나무가 아이에게 그네가 되어 주고, 열매도 주고, 집이 필요할 때는 나무줄기도 내어주고, 남은 그루터기까지 쉴 수 있도록 준 것처럼. '어여쁘다. 잘했다. 사랑한다, 소중하다, 아끼고 또 아낀다'라고 하염없이 칭찬해주자. 바보같이 느껴져도 하자. 가시 박힌 자존감을 위해서!

타인에게 도움을 많이 받는 것을 인복人福 또는 인덕人德이라고 한다. 인복이 타고 난다면 인덕은 살면서 쌓는 것이다. 주변에 사랑을 퍼주고 아껴주는 사람이 많길 바란다면, 그들의 어여쁜 구석을 찾아 진심으로 칭찬하며 인덕을 쌓자. 사회는 냉혹하다. 자신을 어여삐 봐주는 이가 내 편이 되어주는 것이 얼마나 소중한지 현명한 이들은 안다. 그리고 그들은 소중한 당신 옆에 남을 것이다. 진심은 전해지기 마련이다. 세상이 불공평한 만큼 상쇄할 만한 것들이 존재한다. 자신을 위해 자석과 같은 인력引力을 내 안에서 찾고 칭찬해주고 발산시키자. 먼저 있는 그대로 자신을 아끼고 사랑하며 그 마음을 주변과 나누다 보면, 따라큐처럼 내편이 생길 것이다.

Q. 불안, 두려움, 우울, 3종 세트

나는 취준생이다. 옷차림 따위에 신경 쓸 겨를이 없다. 옷을 사는 게 사치 같지만 철 지난 옷을 입는 게 한두 해가 넘어가니 자존심이 상해서 이제는 옷을 좀 사야 할까 싶다. 문득 '지금 내 모습을 보고 좋아해 줄 이성이 있을까' 싶고 '취직을 할 수 있을까' 싶고 '결혼을 하고 아이를 가질 수 있을까?' 싶다. 가끔 참을 수 없을 만큼 불안하고 두렵다. '취업 욕구불만자'는 다 이런 걸까?

동창 중에 한 명은 일찍 대기업에 취업을 한 후 사랑하는 사람과 결혼을 했고 벌써 아기도 있다. 그야말로 평온하고 안정적이게 살고 있다. SNS를 보면 여행도 가고 재밌는 것들도 보고 너무 행복해 보인다. 그런데 앞으로 어떻게 더 살아가야 할지 문득문득 우울하단다. '취준생 앞에서 배부른 소리한다!'라고 하면서 장난을 치다가 헤어졌다. 내가 원하는 모든 걸 이룬 친구가 그렇다니 맥이 빠졌다. 이 미래에 대한 불안과 두려움은 끝나지 않는다는 걸까?

A. 육감충족과 꿈확행으로

욕구 단계설로 유명한 심리학자 매슬로는 우리 마음속 욕구를 낮은 것부터 높은 것까지 5단계의 계층으로 설명하면서 '자아실현'을 가장 높은 욕구로 보았다. 매슬로는 늘 지금보다 나은 존재가 되려고 노력을 하는 게 사람의 본질이라고 했다. 앨더퍼^{Alderfer}는 매슬로의 이론을 발전시켜서 '성장 욕구'를 가장 높은 욕구로 보았다. 켄드릭 등의 학자들은 이들의 이론에서 나아가 '지위나 존중 획득, 배우자, 양육'을 상위 욕구라고 하였다. 그리고 이럴 때는 옷차림에 관심이 낮아지거나 둔화되는 게 자연스러운 일이라고 한다.

또한 매슬로의 자아실현 욕구와 옷의 관계에 대한 여러 학자들의 연구에 따르면, 자아실현에 성공한 이들은 옷차림에 대한 관심이나 디자인에 현혹되는 경우가 적었다고 한다. 선택과 집중을 한 것이다.

취준생과 친구의 이야기를 보고 있자면 노자^{老子}의 말이 생각난다. 노자는 "우울하다면 과거에 사는 것이고, 불안하거나 두려움을 느낀다면 미래를 살고 있는 것이다. 평온하다면 지금을 살고 있는 것이다"라고 했다. 한명은 미래를 위해 지금을 살고 있으니 불안하고 두려운 것이고 또 다른 한 명

195

은 실현 가능한 꿈을 이룬 채 과거에 머물러서 우울한 것 같다. 어떻게 해야 불확실한 미래를 준비할 수 있는지 가늠하기는 어렵다. 무엇인가를 이루는 것만큼 이룬 것을 지키고 유지하는 것도 힘들다. 끝없는 노력을 요구하니 말이다. 다들 이렇다지만 그래도 조금이나마 평온하게 버티는 법을 제안하고자 한다.

개인적으로 이 두 가지를 모두 경험해 본 적이 있다. 먼저 버텨내야만 했던 상황이 있었고, 두 번의 위기가 있었다. 위기를 극복하는 데는 각각 다른 방법이 필요했다. 상황은 이러했다.

학사, 석사, 박사를 연이어서 한국에서 했는데, 박사만 8년을 일반대학원에서 했다. 5년쯤 됐을 때 첫 위기가 왔다. 졸업을 기다리다 지쳤고 불안, 두려움, 허무함에 짓눌렸다. 누군가는 나약하다고 했으나 불안함에 압사당할 것 같았다. 취준생처럼 말이다. 떠나는 게 옳다는 생각에 떠났었고 회복된 후 돌아와 박사를 졸업했다. 결혼한 그 친구처럼 박사 논문을 준비하던 2~3년 동안은 내 생애 가장 허무하고 공허하고 우울한 시간이었다. 두 번째 위기였다. 요즘 학생 수는 계속 줄고 있고, 설사 박사를 졸업하고 교수가 된다고 해도 이전 세대처럼 안정적일지는 미지수였기 때문이다. 지금은 마음의 여유를 찾았지만 그건 '졸업'의 성취감과는 별개이다.

지금부터 소개할 내용은 필자를 두 번의 위기에서 회복하게 해주었던 방법들이다. 첫 번째는 불안과 두려움을 두 번째는 우울을 벗어나는 방법이다. 이 방법은 자신을 이해하는 데서부터 시작한다. 나를 잘 아는 것은 내가 가질 수 있는 가장 큰 힘이 된다.

첫 번째, 소확행(소소하고 확실한 행복)을 위한 '육감충족 처방전.'

스스로 어떤 것에 자신이 치유되는지 찾아서, 아프면 약을 먹듯이 '나'를 챙겼다. 너무 힘들게 가면 쉬 지친다. 긴 여정에는 악바리 근성이 오히려 내 몸을 좀 먹는 독이 된다. 그러니 생각이 나를 괴롭힐 때면 몸을 움직여 머리를 쉬게 해주고, 반복되는 노력에 지칠 때면 새로운 것을 먹이고 몸을 정갈히 해주며 스스로를 잘 다독이자. 음식도 음주도 좋지만, 매일매일 간단히 할 수 있는 것으로 했다. 쳇바퀴를 매일매일 돌리려면 자주 즐거워야 하니깐!

자아실현을 이룬 사람들은

다음과 같은 특별한 길을 걷는다.

그들은 내면의 목소리를 듣는다.

그들은 책임을 진다. 그들은 정직하다.

그들은 열심히 일한다.

그들은 자기 자신을 잘 안다.

인생 사명처럼 거창한 것뿐만 아니라

어떤 신발을 신을 때 기분이 좋은지,

가지가 먹고 싶은지 아닌지,

과음한 날 밤새도록 잠을 못 이루는 것처럼 세세한

것까지도 잘 알고 있다.

이 모든 것은 진정한 자아를 의미한다.

그들은 자신의 생물학적 특성과

타고난 습성처럼 버리거나

변화시키기 어려운 특성까지도 잘 알고 있다.

에이브러햄 매슬로 Abraham H. Maslow

미각의 처방전

좋아하는 것을 맛있게 먹자!

거의 매일 커피를 세 잔 정도 마셨다. 나 자신을 위해 정성을 들이자는 생각에 보약을 달이는 기분으로 핸드드립을 해서 먹었다. 거의 매달 다른 원두를 사서 매일매일 갈아서 내려 먹었는데 그러다가 반한 원두는 반 고흐가 사랑했던 '예멘 모카 마타리'였다. 살짝 부담스러운 가격이라 기분이 해저 2만리쯤 가라앉을 때면 먹었다.

봉지 커피를 먹을 때는 먼저 컵에 펄펄 끓는 물을 붓고 밥숟가락으로 한 숟가락을 덜어냈다. 봉지 커피를 넣고 밥숟가락으로 티스푼 두 스푼 정도가 되게 설탕을 넣고 냉장고에서 우유를 꺼내서 밥숟가락으로 1~2스푼 정도를 넣었다. 휘휘 저은 후에 얄궂다 싶을 만큼 시나몬 가루를 아주 약간 넣어서 먹었다.

후각 처방전

향으로 기분을 전환하자.

필자는 나무, 풀, 물내음 향이 나는 중성적인 향수를 좋아했는데 거기에는 공통적으로 '베티버'향이 들어 있었다. 그래서 향수를 살 때면 꼭 베티버가 들어간 것을 골랐다. (인터넷으로 검색을 해보면 향수에 어떤 향이 들었는지 대략적으로 알 수 있다.) 반신욕을 할 때면 유칼립투스 오일을 즐겨 넣었다. 실제로 베티버, 유칼립투스는 스트레스나 긴장 해소에 도움이 된다는 걸 나중에 알게 되었다.

싸한 나무향이 좋아서 차로 즐기는 후박나무 껍데기를 방에 놔뒀다. 그 향은 꾸덕꾸덕한 공기가 사라지는 듯한 기분이 들게 해줬다.

청각 처방전

감정을 달래는 음악을 듣자.

가요는 감정이 이입되다 보니 클래식을 듣게 됐다. 울화가 치밀 때는 요요마Yo-Yo Ma의 '리베르 탱고Liber tango'를, 감정이 메말랐을 때는 라흐마니노프의 '피아노협주곡 2번 C 단조'를 즐겼다. 마음을 가다듬어야 할 때는 장한나의 'Melody Op. 20 no. 1'을, 안개가 낀 듯 멍할 때는 이루마의 'The Sunbeams. They Scatter'를 들었다. 이 곡은 이루마 씨가 꾼 꿈을 작곡한 것인데, 은행나무 잎이 창문을 통해 방으로 밀려들어 오더니 황금빛으로 변해 산란했다고 한다.

내 삶에도 변화의 황금빛 바람이 불기를 바랐다.

시각 처방전

눈을 쉬게 하자.

뭔가를 보는 것보다 눈을 쓰지 않는 게 더 힐링이 되었다. 컴퓨터를 오래 보다가 눈이 뜨겁다 못해 '툭' 하고 빠질 것 같을 때면 냉찜질 안대를 했다. 온몸이 긴장될 때면 따듯한 스팀이 나오는 안대를 하고 잤다. 눈에 좋다는 진하게 우린 결명자차를 마시고 꿀을 한 스푼 먹기도 했다. 이동 중에는 최대한 눈을 감고 있었다.

촉각 처방전

입는 것으로 마음을 다스리자.

오래된 불안으로 생긴 우울감은 불면으로 이어졌다. 그래서 꼭 파자마를 입고 자며 속으로 되뇌었다. '잠옷을 입으면 자야 해. 내일도 똑같이 힘들 테니깐, 오늘 밤에는 멋진 꿈을 꾸자'라고 말이다. 잔잔한 파도 소리가 나는 어플도 틀어놓고 잤다. 컴퓨터 앞이 넌덜머리가 날 때면 오래전에 선물받은 캐시미어 덧버선을 신고선 부드럽다 못해 간지러운 그

촉감에 몸을 부르르 떨었다. '이렇게 좋은 소재를 양말처럼 신다니 뭔가 귀한 사람이 된 것 같네'라며 양쪽 앞코를 톡톡 부딪치고는 다시 컴퓨터 앞에 앉았다.

채찍 처방전

생각을 멈추게 하자.

당근도 좋지만 삶에는 채찍도 필요하다. 머리가 복잡하고 무거울 때는 2~3시간 정도를 걸었다. 온갖 부정적인 생각에 힘들 때는 단거리 선수처럼 뛰고 또 뛰고 나서 지쳐 잠들었다. 생각을 멈추게 하는 데는 다리가 후들거릴 만큼 몸을 움직이는 것보다 좋은 건 없었다. 당근과 채찍을 병행할 필요가 있다.

필자의 것을 예시 삼아서 보고 자신이 어떤 것으로 치유되는지 찾아서 육감만족 처방전을 작성해보길 바란다.

파울로 코엘료는 『연금술사』에서, '가장 어두운 시간은 바로 해가 뜨기 직전이다'라고 했다. 조금만 더 힘을 내자! 그러다 보면 납덩이처럼 무거웠던 시간의 어둠이 흩어질 것이다.

소확행을 위한 '육감만족 처방전'
미각
후각
청각
시각
촉각
채찍

두 번째, 다시 꿈을 꾸자.

삶을 연명하게만 해주는 일(현실적인 꿈)을 하며 취미나 여행으로 우울감을 사라지게 하는 사람도 있을 것이다. 하지만 필자에게는 통하지 않았다. 취미는 일정 수준에 오르면 질렸다. 삶이 불확실해지면 조금이라도 더 안정을 찾으려고 여러 일을 병행했다. 패션 브랜드도 했고 틈틈이 심사위원이나 칼럼니스트도 하고 컨설팅도 하고 강의도 하고 자격증도 땄지만 계속 불안했다. 여행은 짐스러웠다. 여행 준비를 위해 일을 몰아서 하거나 다녀온 후 감당해야 할 일 처리가 넌덜머리가 나게 싫었다. 의무감으로 여행을 다녔지만, 여행은 내게 힐링이 아니었다.

그러던 중 정말 죽을 것처럼 아프고 난 후에 이렇게 내 삶이 끝난다면 너무 억울할 것 같단 생각이 들었다. 그래서 그간 못 이룬 꿈이나 이뤄보자 싶은 생각이 들었다. 찬찬히 종이에 꿈을 적어보니 수의사, 만화가, 작가, 강연자, 원장님 등등 꽤나 많았다. 황당하게도 근 10년 동안 내 마음속 꿈을 위해서 일을 한 적은 없었다. 그러니 많은 일을 했지만 만족스럽지도 불안과 우울을 벗어나지도 못했던 것이다. 나는 가장 극과 극의 허무맹랑한 꿈과 미래를 준비하는 꿈을 선택

가장 위험한 일은 목표를 너무 높게 잡아
도달하지 못하는 것이 아니라,
목표를 너무 낮게 잡아
간단히 도달해버리는 것이다.

미켈란젤로 부오나로티|Michelangelo Buonarroti

해서 도전했다.

만화가가 허무맹랑한 꿈이었는데, 나의 그림 실력은 '서툰 게 콘셉트인가?' 싶을 정도였다. 더 문제는 누가 봐도 5분 안에 그릴 법한 그림도 완성하기까지 1시간이나 걸린다는 것이었다. 스토리를 만들다가는 평생 안 먹던 두통약을 먹어야 할 수준으로 젬병이었다.

미래를 준비하는 꿈은 작가였다. 개인적으로 가지고 있는 프로필로만 대학에서 교수를 하다 보면 분명 한계가 찾아올 것 같았다. 책을 통해서 '나'라는 사람의 경계를 넓히고 싶었다. 이 책을 쓰고 있으니 첫 삽은 뜬 격이다. 그렇게 불안도 두려움도 누그러졌다. 만화가라는 꿈은 이루지 못해도 괜찮다. 경향조사 차원에서 여러 애니메이션을 보며 즐거웠고 겸손해질 수 있었고 우울해지지 않을 수 있었다.

꿈은 직업이 아니어도 된다. 세계 일주를 꿈꿔도 좋다. 불확실한 시대에 온전히 살기 위해서 꿈은 허무맹랑하기도 해야 하고 미래를 위한 준비이기도 해야 한다.

매일매일을 견디기 위해서 '소확행'을 하며, '미'래를 '확'실시하는 '행'동이자 꿈인 '미확행'과 이루지 못해도 '꿈'꾸는 것만으로 '확'실히 '행'복해지는 '꿈확행'을 하자.

　내 안에 잠자고 있는 상상력과 호기심을 일깨워 꿈을 적고 그냥 한번 해보자. 아무도 모르게 솔리튜드solitude 하게!

　꿈이나 자아실현이 이루어지면 그간 함께한 것들을 버리자. 물건에는 기억이 서리니 굳이 추억하고 싶은 게 아니라면 버리고 자신에게 새 것을 선물하자. 나는 박사를 하는 동안 가장 많이 신었던 신발을 버리고 새 신발을 나 자신에게 선물했다. 좋은 곳으로 데려다 달라는 기도를 하면서 말이다.

　선물의 다른 이유는 성장을 축하하기 위해서다. 현실에서는 아무리 성장해도 버섯을 먹은 슈퍼마리오처럼 단숨에 커지지도 않고, 쿠파 대마왕을 무찌른 것처럼 대단한 일을 해도 피치 공주가 '짠' 하고 나타나지 않는다. 스스로 맥 빠지지 않게 '선물'로 축하해주자. 개인적으로 나는 '혼자만의 게으름'을 곧잘 선물한다. '빨리빨리, 기한 맞추기, 전화(이메일) 받기, 사정 들어주기' 같은 게 없는, 나에게만 집중하는 굼뜨고 행복한 나무늘보 같은 시간을 말이다. 계속해서 꿈을 꿀 수 있도록 자신의 성장을 각자가 원하는 방식대로 축하해주자!

꿈, 그것을 말할 때는
모두가 소년 소녀의 얼굴로 돌아간다.
삶의 기쁨이 되지만 이룰 수 없는 것들이 많고
이루어지면 지극히 행복하지만
그것이 어느덧 당연시되면 그 빛을 잃고 만다.
이루어진 듯 이루어지지 않더라도
기억에 희미하게 남는 것이 꿈이다.

일본 드라마 〈파트너〉의 17번째 시즌 3화

'꿈' 목록	
미확행	꿈확행

선물할 것:

버릴 것:

못다 이룬 '꿈'들:

자존감 스타일링을 위하여

자존감 스타일링 Q&A를 통해서 외모, 옷입기, 자존감에 대한 고정관념이 조금이나마 유연해지는 시간이 되었기를 바란다.

스웨덴의 라이프스타일 용어로 '알맞은 양, 균형에 맞는'이라는 뜻을 가진 라곰Lagom이라는 말이 있다. '딱 떨어지는 좋은 상태'를 말한다. 너무 낮지도 높지도 않게 유지해야 하는 자존감과 라곰은 참 많이 닮았다. 옷을 어떻게 사용할지는 각자의 '라곰' 눈금에 맞춰 보자. Q&A는 좁게는 자신을 위한 것이지만 넓게 보면 사회 속에 던져진 모두를 위한 것이다. 이 방법들이 평가나 지적이 아닌 이해와 포용을 위한 시선으로 쓰이길 바란다.

영화 〈꾸뻬씨의 행복여행〉은 말미에, 우리는 행복해야 할 의무가 있다고 했다. 그와 마찬가지로 우리에게는 자존감을 돌봐야 할 의무가 있다. 그 의무를 보다 간편하고 파나쉬(위풍당당)하게 하기 위한 매체로 스타일링을 꼽았으나 이는 자존감을 위한 한낱 도구일 뿐이다. 무엇이 우선인지 잊지 말자.

늘 내 안에 사는 자존감을 매만지고 다듬고 치켜세워주며 자존감 스타일링을 할 때면 언제나 '라곰'하고 '파나쉬'하길!

자아 실현자들의 공통점

1. 현실을 효율적으로 인식하고 불확실성을 견딘다.

2. 자신과 타인을 있는 그대로 받아들인다.

3. 자발적으로 생각하고 행동한다.

4. 자기중심적이 아닌 문제중심적으로 사고한다.

5. 색다른 유머 감각을 지녔다

6. 삶을 객관적으로 바라볼 수 있다.

7. 창의적이고 독창적이다.

8. 사회 문화나 관례를 무조건 받아들이지도 않지만 의도적으로 무시하거나 배척하지도 않는다.

9. 타인의 안녕을 염려하는 인도주의적인 사람이다.

10. 보편적인 삶의 경험들에 깊게 공감할 수 있다.

11. 많은 사람들보다는 소수의 사람들과 깊게 교류하며 만족스러운 관계를 형성한다.

12. 상황을 인지하는 진보된 관점을 가지고 있으며 주변에도 영향을 미친다.

13. 사생활을 중시한다.

14. 민주적이고 평등한 사고방식을 가졌다.

15. 윤리적인 기준이 있으며 도덕적으로 건강하다.

매슬로

4장

나만의
'혼감 스타일링'

과거와 미래에서 나다움 찾기

지금을 살아가다 보면 '나다움'을 유지하거나 고수하는 게 쉽지 않다. 그래서 나다움을 찾고 정의하는 연습이 필요하다. 스티브 잡스는 이런 말을 했다. "앞만 바라봐서는 점들을 연결할 수가 없다. 뒤돌아봐야 점들이 선으로 이어진다."

먼저 뒤돌아서서 과거에서 '나다움'을 찾아오자.

10대의 과감함, 20대의 열정과 패기, 30대의 추진력, 40대의 노련함 같은 과거의 전성기도 좋다. 내가 가진 온갖 장점, 성격, 취향, 자신 있는 부분, 잘 어울리는 스타일 등등 '나'를 나답게 존재하게 했던 것들을 쓰자. 자존감을 유지시켜줬던 모든 것을 떠올려보자.

'왕년에는 내가 …' '그땐 … 그랬지' 하며 말이다.

정작 모든 답은 내 안에 계속 있었는데 세월의 골짜기에 묻혀뒀을지도 모른다. 과거에 집착하는 것은 좋지 않지만 이미 가지고 있었던 좋은 것들 중에 퇴색된 부분을 되찾아 오는 것은 '나다운' 내일을 그리는 현명한 방법이다. 혹시 너무 많이 변해서 과거의 나로는 절대로 돌아갈 수 없다고 생각할 수도 있다. 그러나 달라졌어도 나에게는 여전히 '나다움'이 남아 있을 것이다.

〈보노보노(파란색 해달)의 향기나무 이야기〉라는 영화를 보면 보노보노와 친구들이 아끼는 나무 한 그루가 나온다. 그 나무에서는 괴로운 것을 잊게 해주는 향이 났다. 향기나무를 에워싼 모든 등장인물들의 오해가 최고조에 이른 어느 비내리는 날 벼락이 내리친다. 바로 향기나무 위로! 폭우 속에서 불타던 나무는 전과는 다른 향을 내뿜는다. 그 향은 잃어버린 소중한 기억을 되찾아 주는 향이었다. 이 향을 맡고 떠오른 기억 덕분에 이들은 오해를 푼다. 나무는 불타버렸지만 향기의 본질은 남았던 것이다. 불에 탄 듯 소진되었더라도 '나'라는 맥락은 남아 있을 것이다. 괴로움을 잊게 해주던 향기나무가 잃어버린 기억을 되찾아 준 것처럼!

만약 과거에서 찾고 싶지 않거나 혹은 아무리 찾아도 없다면 다가올 미래의 전성기를 상상하며 써보자. 역사학자이자 진화생물학자인 다니엘 S. 밀로는 책 『미래중독자』에서 '내일은 사람이 만든 발명품'이라고 했다. 동물 중에서 오직 사람만이 다가올 내일(비현실, 미래)을 상상하고 나아가 타인과 공유하며 계획하고 실현해낸다고 한다. 내면을 다독이며, 잃어버린 '나'를 되찾거나 다가올 전성기를 생각해보며 내일의 나를 상상해보자. 바버라 해리슨의 말처럼, 이 세상에서 이루어지는 모든 행동은 상상에서 출발한다.

이것도 어렵다면 닮고 싶은 누군가의 모습을 적거나 자신을 다잡아주는 글귀를 적자. 이것조차 여의치 않다면 자존감 테스트를 다시 읽고 그 질문 중에 '내가 이런 사람이면 좋겠다' 싶은 것들을 옮겨 적자. 예를 들어, '나는 긍정적인 마음으로 스스로를 대한다' '내 몸매와 외모는 멋진 편이다' '나는 할 말이 있을 때 거의 대부분 하는 편이다' '난 사진 속 내 모습을 좋아한다' 같은 말들이다. 그렇게 과거나 미래 또는 자존감 테스트에서 찾은 나다움을 적어보자.

호아킴 데 포사다는 책 『난쟁이 피터』에서 기록은 행동을 지배하며, 글을 쓰는 것은 시신경과 운동 근육까지 동원되는 일이기에 뇌리에 더 강하게 각인된다고 했다. 결국 우리 삶

씌어져야 할 모든 이야기들은
이미 다 씌어졌다.
하지만 아무도 귀를 기울이지 않았기에
그 모든 것들은 다시 씌어져야 한다.

앙드레 지드

을 움직이는 것은 우리의 손이라는 것이다. 앞으로 인공지능이 자아 계발을 도와줄 것이란 말도 있지만 직접 써보는 아날로그의 힘은 살아남을 것이다. 아름답고 멋진 '나'라는 사람을 손수 다시 한 번 써보자.

나다운 혼감 스타일링의 선택지

노벨상을 수상한 윌리엄 예이츠^{William Butler Yeats}는 인생을 옷에 비유했다.

> 한 사람이 보고 들은 일들이 인생이라는 옷감의 실이라고 한다면, 그리하여 뒤엉킨 기억의 실타래에서 그 실을 조심스럽게 풀어낸다면, 어느 누구나 그에 가장 잘 어울리는 믿음의 옷을 짤 수 있다.

지금까지 해온 혼감하기, 자존감 스타일링, 혼감 스타일링의 모든 여정들은 뒤엉킨 감정과 상황을 다듬어 온전히 나답기 위함이다.

'나다움' 목록에 적힌 '나'로 보이기 위해서 각자의 라이프스타일에 따라 그 방향을 정하자. 1장과 3장에 소개된 옷을 보는 관점과 다양한 스타일링 방법을 떠올리면서 상황에 따라서 나를 입히고 벗기고 또 입히는 선택을 하자. 그 방법은 한 개일 수도 있고 여러 개일 수도 있다. 또 자신만의 방향성이 있을 수도 있다. '나다운 혼감 스타일링의 선택지'에 표시해보자.

필자는 1장과 3장에서 한 가지씩을 선택해서 하고 있으며, 라이프 스타일이나 가치관에 맞게 새로운 항목을 추가했다.

1장의 '자존심 벗기'를 한다. 요즘 대학교에는 수강 인원이 50명이 넘는 실습 강의가 종종 있다. 학생들은 창업 같은 경험이 있는 학생, 타과생들(경영학, 철학, 연영과, 순수미술 등), 8명 이상의 외국인 학생으로 구성된 경우가 많다. 이런 강의는 늘 시간이 부족해서 학생들과 가까워지기 어렵다. 그래서 강의 갈 때만 드는 가방을 정해놓고 그 가방을 들면 '나는 교수가 아니다! 호텔리어 같은 캠퍼스리어다!'라는 서비스 정신으로 강의를 하고, 가방을 내려놓으면 나로 돌아간다.

3장의 '첫인상 스타일링' 중에서 'add-TPO'를 한다. 필

표 9. 나다운 혼감 스타일링의 선택지

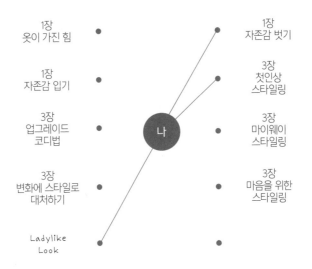

1장 옷이 가진 힘	1장 자존감 벗기
1장 자존감 입기	3장 첫인상 스타일링
3장 업그레이드 코디법	**나** · 3장 마이웨이 스타일링
3장 변화에 스타일로 대처하기	3장 마음을 위한 스타일링
Ladylike Look	

코멘트:

- 자존감 벗기 : '강의용 지정 가방' 들기
- 첫인상 스타일링 : 직함 변화에 따르되 나답게 기억되기
- Ladylike Look : 오드리 햅번 or 그레이스 켈리

자는 어떤 날은 교수, 그다음 날은 오전에는 작가였다가 오후에는 칼럼니스트가 되어야 한다. 처음 만나는 사람들이 대부분이다 보니 박 교수, 박 작가, 박소현 칼럼니스트이자 인간 박소현으로 기억되게 입으려고 최대한 옷장을 뒤적거린다.

그리고 될 수 있는 한 '레이디라이크 룩Ladylike LOOK(우아하고 품위 있는 옷차림)'을 지향한다. 나이가 들수록 궁극적으로 지킬 수 있는 미美가 우아함이라고 생각한다. 오드리 헵번이나 그레이스 켈리처럼. 더 젊어질 수 없는 현실 앞에 서 있다면 우아하게 농익고 싶다. 물론 여의치 않을 때가 많지만 그래도 최대한 그러고자 한다. 내 머릿속에는 이런 부분이 마치 어플이 구동되는 것처럼 돌아간다. 물론 버벅거릴 때도 있다.

'나다운 혼감 스타일링의 선택지'를 했다면 화장대나 옷장 근처에 두고 들여다 보며 스스로를 체크하며 스타일링하길 바란다.

팝아트 하면 떠오르는 앤디 워홀은 이렇게 말했다.

사람들은 시간이 모든 것을 바꿔준다고 말하지만
실제로는 스스로가 모든 것을 바꾸어야 한다.

자존감 비수기나 적대적인 공격자가 나타날 때면 모든 방법을 동원하자. 가마니 취급을 받으면 가만히 있지 말고 가시 돋친 옷이라도 입자. 혹시 이렇게 마음먹었다가도 제풀에 지친다면 문구점에 가서 '파일철'과 '포스트잇'을 사자. 포스트잇에 마음을 움직였던 글이나 평소에 힘을 주는 말들을 적어서 파일철 안에 붙이자. 힘들 때면 이 파일철을 책상 칸막이처럼 놓고 보며 자신을 북돋아주고 칭찬하며 다독이자.

내 삶은 '나'와 '내 인생' 간의 피할 수 없는 1대 1 정면승부다. 내가 어떻게 하느냐에 따라서 인생은 계속해서 새로운 선택지를 주며 무엇을 선택할지를 묻는다. 프랑스의 철학자 장 폴 사르트르$^{Jean Paul Sartre}$는 삶^{Life}은 B와 D 사이의 C라고 했는데, 출생^{Birth}과 죽음^{Death} 사이의 선택^{Choice}이란 뜻이다. 누군가 그 C가 초이스^{Choice}가 아닌 치킨^{Chicken}이라고 희화한 것을 본 적이 있다. '세치 혀'만 즐거운 치킨이 아닌 '내 영혼의 닭고기 스프'처럼 '자존감'을 위한 닭고기 스프로 옷을 선택해주면 좋겠다.

스스로가 마음에 안 들 때도 있을 것이다. 그래도 나를 위해서 언제나 늘 항상 내 안에 사는 자존감의 편을 들어줘라.

가끔 자신을 향해 채찍을 휘두를 때도 필요하겠지만 늘 사랑을 담아서 자신을 따스하게 대해야 함을 잊지 마라. 그렇게 솔로Solo가 아닌 솔리튜드Solitude 하게 나만을 위한 혼감 스타일링을 하길 바라고 또 바란다.

나다움을 기억하기

먼저 마련된 공간에 아끼거나 좋아하는 향수 또는 아로마 오일을 한 방울 정도 떨어뜨려주자. 이렇게 하면 책에 스며든 향기를 맡으며 '혼감 스타일링'에 쏟아낸 자신을 좀 더 깊게 기억할 수 있다.

향기가 기억과 연결되는 것은 후각의 '프루스트 효과' 때문이다. 프루스트 효과의 권위자인 레이첼 헤르츠 박사는 후각 조직이 진화해서 뇌의 변연계가 되었다고 한다. 그러다 보니 후각은 감정을 경험하고 표현하는 능력에서도 큰 부분을 차지한다. 박사는 어린 시절 어머니께서 해주시던 요리 냄새나 집안에서 나던 향기 같은 것들이 없다면 어린 시절을 떠올리기 어려울 것이라고 말한다. 사실 프루스트 효과라는 명칭도 소설가 마르셀 프루스트가 마들렌의 냄새를 맡고 떠올랐던 어린 시절에서 착안한 소설 『잃어버린 시간을 찾아서』에서 기인했다. 코의 냄새 신경세포는 뇌의 변연계 속 편도체와 해마에 연결되어 있다. 편도체는 동기나 감정 등을 처리하고 해마는 연상, 기억, 감정, 행동, 조절 등을 처리한다고 한다. 오감 중 다른 감각은 이 부위와 연관되어 있지 않다. 따라서 코로 맡은 향기는 후각을 자극해서 감정과 추억을 불러일으키게 된다.

시간이 허락할 때면 이곳에 와서 나만을 위한 '혼감 스타일링'을 하자. 내 안에 사는 자존감은 나에게 돌봄 받을 자격이 있다. 나에게는 자신을 위해 스스로 자존감을 키워야 할 삶의 몫이 있다. 옷은 행함을 위한 수많은 도구 중 하나이다.

그동안의 것들을 돌이켜보며 자신을 정제하고, 필요한 것은 체화하는 혼감 스타일링으로 나답게 '나다움'을 키워 가는 여정을 계속하길!

나의 향을 위한 공간

나의 향을 위한 공간

옷은 자아와 세상을 연결한다

결국 혼감은 자신에게 맞는 옷을 입거나 스스로를 잘 가꿔야 한다는 결론에 다다른다. 그 중심에 자존감을 두고는 있지만 말이다.

우리는 내면을 가꾸는 것만으로 충분하지 않다는 판단을 내려야 할 때가 있다. 어깨가 좁다는 이유로 위축된 이들이나 자신이 다른 사람처럼 생겼으면 좋겠다고 생각해본 적이 있는지 묻는 자존감 테스트의 글처럼 말이다. 그리고 새로운 사람을 만나게 되면 분명 첫인상이 틀릴 수 있다는 걸 알면서도 외모에 대한 선입견과 편견에 일정 부분은 마음을 허락하게 될 것이다.

나는 패션 회사에 디자이너로 취직하지는 못했다. 하지만 개인 브랜드를 런칭해서 서울 패션 위크부터 해외 컬렉션까지 참가했고 패션쇼도 여러 번 치렀다. 현재는 본업으로 돌아가 강의를 하고 있다. 나의 경험과 신체적 부족함은 옷이 제2의 피부이며 시각 언어로서 자신을 대변할 수 있다는 것을 깨닫는 환경을 제공했다.

혼감과 자존감 스타일링은 태생적인 한계를 인정하되 옷을 그 간극을 메우는 도구로 쓰자는 것이다. 그래서 첫인상의 덫에 빠지지 않도록 그 중요성을 알리고 필요에 따라 옷차림으로 보완하길 바랐다. 첫인상의 오만과 편견을 경계하며 옷으로 표현하는 대화 요령으로 무시와 차별도 막고 싶었다. 불어난 몸 때문에 스스로를 폄하하는 아이 엄마를 위해서는 달콤한 칭찬도 좋지만 그녀가 다시 여자로 느껴지는 옷을 고를 수 있도록 도와주는 게 더 현실적이다. 스스로를 타인과 비교하면서 자존감이 낮아진 사람에게 '당신은 유일무이한 존재이며 그 자체로 특별하다'는 것을 어떻게 눈에 보이게 해줄 것인가를 생각하는 것이다. 이런 방법들로 자신과 마주하는 시간을 마련해 자기 자신과 깊게 대화할 수도 있고, 타인의 마음을 헤아려 소통할 수도 있다.

혼감 스타일링은 내면과 외면의 관계를 건강하게 맺어주

며, 또 자신이 바라는 모습이 될 수 있도록 옷을 입는 방법을 손에 쥐게 한다. 내가 회사형 패션 디자이너가 되는 대신에 디자이너 브랜드를 운영하며 계속해서 패션을 할 수 있었던 것처럼 말이다. 그러다 보면 내면에 자리한 자존감의 작은 목소리가 더 잘 들리고 자아에 가까워질 수 있을 것이다.

옷은 자아라는 섬을 세상과 연결하는 다리이다.

살다 보면 싫어하는 사람에게 고개를 숙여야 할 만큼 하고 싶은 일이 가슴 속에 자라날 때가 있다. 하지도 않은 실수를 인정해야 하고 잘못한 게 없지만 누군가를 대신해서 사과를 해야 할 때도 있다.

가족이나 친구 혹은 사랑하는 사람조차 가끔 내 자존감에 생채기를 내기도 한다. 분노나 스트레스를 해소하기 위해 우리를 감정 쓰레기통 취급하는 사람들에게 이용당하고 배신감에 고통 받을 때도 있다. 이런 삶의 돌부리들은 우리 자존감과 자존심에 흉터를 남기곤 한다. 간혹 필자처럼 신체적 한계에 부딪쳐 꿈이 산산조각 나는 걸 느끼게 될 수도 있다.

그럴 때면 커다란 삶의 무게 밑으로 자존감을 밀어 넣고 지 렛대 삼아서 이겨 내야만 한다.

이겨낼 수 없을 것 같다면?

그 무엇 하나 피할 수 없는 상황이라면?

태생적 한계에 다다랐다면?

말로 할 수 없다면?

그때는 옷으로나마 말해야 한다. 문신을 할지 말지 고민 하고 어릴 적 열광하던 캐릭터 소품에 열광하는 것으로, 지 금 나는 나를 돌보고 있다고 여겨야 한다. 매일매일 블랙을 입으며 무기력을 표현하든, 매일 똑같은 옷을 입으며 우울감 을 드러내든 말이다.

옷을 입는다는 것은 우리가 할 수 있는 극단의 의사표현 이다.

옷을 만들 때 티백처럼 얇은 막을 붙일 때가 있다. 업계에 서는 주로 '심지(씽)^{Interfacing}'라고 하는데, 이 부자재를 옷감에 붙이면 그 어떤 얇은 옷에도 힘을 실어 주며 모양을 유지하게 한다. 심지는 부드러운 것부터 빳빳한 것까지 매우 다양하고 옷을 만들기 위해서 거의 모든 직조 원단에 붙이는 부자재이다.

세상의 풍파에도 자존감이 흔들리지 않고 제 모양새 그대로 유지될 수 있게 이 책이 '나답기' 위해서 자존감에 심지를 붙이는 시간으로 쓰이면 좋겠다. 겉으로 드러나지도 않고 존재한다고 느껴지지도 않지만 우리의 틀을 잡아 주는 그런 것 말이다.

다리 위에는 늘 바람이 분다.

나와 세상을 연결하는 옷이라는 다리를 쌓을 때 자존감에 '혼감'이라는 심지를 덧입혀 스스로를 견고히 하길 빈다.

테스트와 차트를 한데 모아서 쓸 수 있는 여분을 만들었다. 자신에게 맞게 필요한 것만 선택해서 하면 된다. 모두 할 필요는 없다. 스스로 원하는 것을 알아보고 행동하는 것은 모든 문제의 열쇠가 된다.

이 열쇠를 관리하는 연습을 계속하길 바란다.

- 로젠버그의 자존감 테스트
- 쿠퍼스미스의 자존감 테스트
- 멘델슨, 멘델슨 & 화이트의 신체 존중감 테스트
- 5 FORCE 자존감 모델(5 FM)
- 자존감의 온도 조절
- 자존감 그래프
- 육하원칙 스타일링 차트

- add – TPO 차트
- 자기완성을 위한 자존감 스타일링 표
- 소확행을 위한 '육감만족 처방전'
- '꿈' 목록
- '나다움' 목록
- 나다운 혼감 스타일링의 선택지

로젠버그의 자존감 테스트

항목	대체로 그렇지 않다	보통 이다	대체로 그렇다	항상 그렇다
1. 나는 내가 다른 사람들만큼 가치 있는 사람이라고 생각한다.	1	2	3	4
2. 나는 가끔 내가 꽤 좋은 품성을 가졌다고 본다.	1	2	3	4
3. 나는 좋은 자질을 여럿 가지고 있다고 생각한다.	1	2	3	4
4. 나는 대부분의 사람과 함께 잘 일할 수 있다.	1	2	3	4
5. 나는 스스로 자랑할 것이 많은 사람이라고 생각한다.	1	2	3	4
6. 나는 나 자신이 쓸모 있는 사람이라고 느낀다.	1	2	3	4
7. 나는 적어도 내가 다른 사람들과 평등하게 가치 있는 사람이라고 생각한다.	1	2	3	4
8. 나는 나 자신을 아끼고 존중하는 사람이다.	1	2	3	4
9. 결과적으로 나는 성공할 사람이라는 느낌이 든다.	1	2	3	4
10. 나는 긍정적인 마음으로 스스로를 대한다.	1	2	3	4
총점				

로젠버그의 자존감 테스트

항목	대체로 그렇지 않다	보통 이다	대체로 그렇다	항상 그렇다
1. 나는 내가 다른 사람들만큼 가치 있는 사람이라고 생각한다.	1	2	3	4
2. 나는 가끔 내가 꽤 좋은 품성을 가졌다고 본다.	1	2	3	4
3. 나는 좋은 자질을 여럿 가지고 있다고 생각한다.	1	2	3	4
4. 나는 대부분의 사람과 함께 잘 일할 수 있다.	1	2	3	4
5. 나는 스스로 자랑할 것이 많은 사람이라고 생각한다.	1	2	3	4
6. 나는 나 자신이 쓸모 있는 사람이라고 느낀다.	1	2	3	4
7. 나는 적어도 내가 다른 사람들과 평등하게 가치 있는 사람이라고 생각한다.	1	2	3	4
8. 나는 나 자신을 아끼고 존중하는 사람이다.	1	2	3	4
9. 결과적으로 나는 성공할 사람이라는 느낌이 든다.	1	2	3	4
10. 나는 긍정적인 마음으로 스스로를 대한다.	1	2	3	4
총점				

쿠퍼 스미스의 자존감 테스트

항목	대체로 그렇지 않다	보통 이다	대체로 그렇다	항상 그렇다
1. 나는 나 자신이 다른 사람이었으면 한 적이 거의 없다.	1	2	3	4
2. 나는 여러 사람 앞에서 이야기하는 게 어렵지 않다.	1	2	3	4
3. 내게는 고쳐야 할 점이 별로 없다.	1	2	3	4
4. 나는 마음을 결정하는 게 어렵지 않다.	1	2	3	4
5. 나는 다른 사람들과 재미있게 잘 지낸다.	1	2	3	4
6. 내 가족 중에는 내게 관심을 가져주는 사람이 있다.	1	2	3	4
7. 나는 새로움에 쉽게 익숙해지는 편이다.	1	2	3	4
8. 나는 친구들과 잘 어울리고 인기도 있는 편이다.	1	2	3	4
9. 내 가족들은 내게 지나친 기대를 가지진 않는다.	1	2	3	4
10. 내 가족들은 내 기분을 대체로 잘 이해해주는 편이다.	1	2	3	4
11. 나는 늘 항상 쉽게 포기하지 않는 편이다.	1	2	3	4
12. 나는 남들보다 비교적 행복한 편이다.	1	2	3	4
13. 나는 주로 계획적이고 안정된 생활을 한다.	1	2	3	4
14. 대체로 사람들은 내 생각을 따라주는 편이다.	1	2	3	4
15. 나는 스스로에 대해 내세울 것이 많다고 생각한다.	1	2	3	4
16. 나는 집을 나가고 싶다는 생각을 해본 적이 거의 없다.	1	2	3	4
17. 내가 하고자 하는 일은 거의 뜻대로 된다.	1	2	3	4
18. 내 몸매와 외모는 멋진 편이다.	1	2	3	4
19. 나는 할 말이 있을 때 거의 대부분 하는 편이다.	1	2	3	4
20. 내 가족들은 나를 잘 이해해준다.	1	2	3	4
21. 나는 다른 사람들에 비해서 사랑을 많이 받는 편이다.	1	2	3	4
22. 내 가족들은 나를 미워하지는 않는 것 같다.	1	2	3	4
23. 나는 내가 하는 일에 늘 자부심을 느낀다.	1	2	3	4
24. 나는 모든 것을 그다지 어렵게 생각하지 않는다.	1	2	3	4
25. 나는 다른 사람이 의지해도 될 만큼 강한 사람이다.	1	2	3	4
총점				

쿠퍼 스미스의 자존감 테스트

항목	대체로 그렇지 않다	보통 이다	대체로 그렇다	항상 그렇다
1. 나는 나 자신이 다른 사람이었으면 한 적이 거의 없다.	1	2	3	4
2. 나는 여러 사람 앞에서 이야기하는 게 어렵지 않다.	1	2	3	4
3. 내게는 고쳐야 할 점이 별로 없다.	1	2	3	4
4. 나는 마음을 결정하는 게 어렵지 않다.	1	2	3	4
5. 나는 다른 사람들과 재미있게 잘 지낸다.	1	2	3	4
6. 내 가족 중에는 내게 관심을 가져주는 사람이 있다.	1	2	3	4
7. 나는 새로움에 쉽게 익숙해지는 편이다.	1	2	3	4
8. 나는 친구들과 잘 어울리고 인기도 있는 편이다.	1	2	3	4
9. 내 가족들은 내게 지나친 기대를 가지진 않는다.	1	2	3	4
10. 내 가족들은 내 기분을 대체로 잘 이해해주는 편이다.	1	2	3	4
11. 나는 늘 항상 쉽게 포기하지 않는 편이다.	1	2	3	4
12. 나는 남들보다 비교적 행복한 편이다.	1	2	3	4
13. 나는 주로 계획적이고 안정된 생활을 한다.	1	2	3	4
14. 대체로 사람들은 내 생각을 따라주는 편이다.	1	2	3	4
15. 나는 스스로에 대해 내세울 것이 많다고 생각한다.	1	2	3	4
16. 나는 집을 나가고 싶다는 생각을 해본 적이 거의 없다.	1	2	3	4
17. 내가 하고자 하는 일은 거의 뜻대로 된다.	1	2	3	4
18. 내 몸매와 외모는 멋진 편이다.	1	2	3	4
19. 나는 할 말이 있을 때 거의 대부분 하는 편이다.	1	2	3	4
20. 내 가족들은 나를 잘 이해해준다.	1	2	3	4
21. 나는 다른 사람들에 비해서 사랑을 많이 받는 편이다.	1	2	3	4
22. 내 가족들은 나를 미워하지는 않는 것 같다.	1	2	3	4
23. 나는 내가 하는 일에 늘 자부심을 느낀다.	1	2	3	4
24. 나는 모든 것을 그다지 어렵게 생각하지 않는다.	1	2	3	4
25. 나는 다른 사람이 의지해도 될 만큼 강한 사람이다.	1	2	3	4
총점				

멘델슨, 멘델슨 & 화이트의 신체 존중감 테스트

항목	전혀 그렇지 않다	약간 그렇지 않다	약간 그렇다	아주 그렇다
1. 난 사진 속 내 모습을 좋아한다.	1	2	3	4
2. 사람들은 내 외모가 괜찮다고 생각한다.	1	2	3	4
3. 난 내 몸이 자랑스럽다.	1	2	3	4
4. 난 몸무게 조절에 몰두하고 있지 않다.	1	2	3	4
5. 난 내 외모가 취직하는 데 도움이 될 거라고 생각한다.	1	2	3	4
6. 거울에 비쳐지는 내 모습(몸)이 좋다.	1	2	3	4
7. 난 할 수 있어도, 내 외모의 많은 부분을 바꾸지 않을 것이다.	1	2	3	4
8. 난 내 몸무게에 만족한다.	1	2	3	4
9. 난 내가 더 나아 보였으면 좋겠다고 생각하지 않는다.	1	2	3	4
10. 현재 내 몸무게가 아주 마음에 든다.	1	2	3	4
11. 난 내가 다른 사람처럼 생겼으면 좋겠다고 생각하지 않는다.	1	2	3	4
12. 내 또래 사람들은 내 외모를 좋아한다.	1	2	3	4
13. 난 외모 때문에 속상하지 않다.	1	2	3	4
14. 난 대부분의 사람들만큼 외모가 괜찮다.	1	2	3	4
15. 난 내 외모에 꽤 만족한다.	1	2	3	4
16. 내 키에는 내 체중이 적당하다고 느낀다.	1	2	3	4
17. 난 내 모습을 부끄럽게 여기지 않는다.	1	2	3	4
18. 몸무게를 잴 때 우울하지 않다.	1	2	3	4
19. 난 내 몸무게 때문에 불행하지 않다.	1	2	3	4
20. 내 외모는 이성을 만날 때 도움이 된다.	1	2	3	4
21. 난 내 모습을 걱정하지 않는다.	1	2	3	4
22. 난 내 몸이 멋지다고 생각한다.	1	2	3	4
23. 난 내가 원하는 만큼 근사해 보인다.	1	2	3	4
총점				

멘델슨, 멘델슨 & 화이트의 신체 존중감 테스트

항목	전혀 그렇지 않다	약간 그렇지 않다	약간 그렇다	아주 그렇다
1. 난 사진 속 내 모습을 좋아한다.	1	2	3	4
2. 사람들은 내 외모가 괜찮다고 생각한다.	1	2	3	4
3. 난 내 몸이 자랑스럽다.	1	2	3	4
4. 난 몸무게 조절에 몰두하고 있지 않다.	1	2	3	4
5. 난 내 외모가 취직하는 데 도움이 될 거라고 생각한다.	1	2	3	4
6. 거울에 비쳐지는 내 모습(몸)이 좋다.	1	2	3	4
7. 난 할 수 있어도, 내 외모의 많은 부분을 바꾸지 않을 것이다.	1	2	3	4
8. 난 내 몸무게에 만족한다.	1	2	3	4
9. 난 내가 더 나아 보였으면 좋겠다고 생각하지 않는다.	1	2	3	4
10. 현재 내 몸무게가 아주 마음에 든다.	1	2	3	4
11. 난 내가 다른 사람처럼 생겼으면 좋겠다고 생각하지 않는다.	1	2	3	4
12. 내 또래 사람들은 내 외모를 좋아한다.	1	2	3	4
13. 난 외모 때문에 속상하지 않다.	1	2	3	4
14. 난 대부분의 사람들만큼 외모가 괜찮다.	1	2	3	4
15. 난 내 외모에 꽤 만족한다.	1	2	3	4
16. 내 키에는 내 체중이 적당하다고 느낀다.	1	2	3	4
17. 난 내 모습을 부끄럽게 여기지 않는다.	1	2	3	4
18. 몸무게를 잴 때 우울하지 않다.	1	2	3	4
19. 난 내 몸무게 때문에 불행하지 않다.	1	2	3	4
20. 내 외모는 이성을 만날 때 도움이 된다.	1	2	3	4
21. 난 내 모습을 걱정하지 않는다.	1	2	3	4
22. 난 내 몸이 멋지다고 생각한다.	1	2	3	4
23. 난 내가 원하는 만큼 근사해 보인다.	1	2	3	4
총점				

5FORCE 자존감 모델(5FM)

내부	공급자	
	공격자	
외부	공급자	
	비고의적 공격자	
	고의적 공격자	
	잠재적 공격자	

5FORCE 자존감 모델(5FM)

내부	공급자	
	공격자	
외부	공급자	
	비고의적 공격자	
	고의적 공격자	
	잠재적 공격자	

자존감의 온도 조절

자존감 테스트 기록하기(로젠버그&쿠퍼스미스)

너무 높다 / 딱 좋다 / 보통이다 / 별로다 / 관리요망

코멘트:

몸의 자존감 테스트 기록하기

너무 높다 / 딱 좋다 / 보통이다 / 별로다 / 관리요망

코멘트:

5FORCE 자존감 모델(5FM) 기록하기

코멘트:

자존감의 온도 조절

자존감 테스트 기록하기(로젠버그&쿠퍼스미스)

너무 높다 / 딱 좋다 / 보통이다 / 별로다 / 관리요망

코멘트:

몸의 자존감 테스트 기록하기

너무 높다 / 딱 좋다 / 보통이다 / 별로다 / 관리요망

코멘트:

5FORCE 자존감 모델(5FM) 기록하기

코멘트:

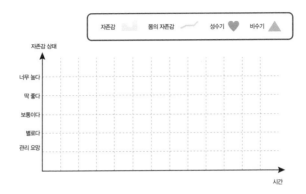

자존감 그래프

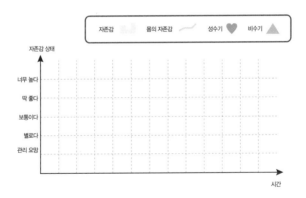

자존감 그래프

육하원칙 스타일링 차트

		상대방	나	
			체크 포인트	
누가	역할			
	특징			
언제	시간			
어디서	장소			
	설명			
무엇을	목적			
	목표			
어떻게	신체			
	옷차림			
	목소리			
	태도			
왜	의도 특징			
피드백				

육하원칙 스타일링 차트

		상대방	나	
			체크 포인트	
누가	역할			
	특징			
언제	시간			
어디서	장소			
	설명			
무엇을	목적			
	목표			
어떻게	신체			
	옷차림			
	목소리			
	태도			
왜	의도 특징			
피드백				

add-TPO 차트

		내용
a	appearance 무엇을 보여줘야 하나?	
d	destination 어떤 목적으로 가는가?	
d	dye 어떻게 물들 것인가?	
T	Time 시간	
P	Place 장소	
O	Occasion 경우 혹은 때	

add-TPO 차트

		내용
a	appearance 무엇을 보여줘야 하나?	
d	destination 어떤 목적으로 가는가?	
d	dye 어떻게 물들 것인가?	
T	Time 시간	
P	Place 장소	
O	Occasion 경우 혹은 때	

자기완성을 위한 자존감 스타일링

자기 정의	목적과 동기	아이템

자기완성을 위한 자존감 스타일링

자기 정의	목적과 동기	아이템

소확행을 위한 '육감만족 처방전'
미각	
후각	
청각	
시각	
촉각	
채찍	

소확행을 위한 '육감만족 처방전'
미각	
후각	
청각	
시각	
촉각	
채찍	

'꿈' 목록	
미확행	꿈확행

선물할 것:

버릴 것:

못다 이룬 '꿈'들:

'꿈' 목록	
미확행	꿈확행

선물할 것:

버릴 것:

못다 이룬 '꿈'들:

나다운 혼감스타일링의 선택지

1장 옷이 가진힘 ●	● 1장 자존감 벗기
1장 자존감 입기 ●	● 3장 첫인상 스타일링
3장 업그레이드 코디법 ●	나 ● 3장 마이웨이 스타일링
3장 변화에 스타일로 대처하기 ●	● 3장 마음을 위한 스타일링
●	●

코멘트:

나다운 혼감스타일링의 선택지

1장
옷이 가진힘 ●

● 1장
자존감 벗기

1장
자존감 입기 ●

● 3장
첫인상
스타일링

3장
업그레이드
코디법 ●

나

● 3장
마이웨이
스타일링

3장
변화에 스타일로
대처하기 ●

● 3장
마음을 위한
스타일링

● ●

코멘트:

당신의 마음도 건강함을
유지하기 위해 꾸준한 연습과
노력이 필요하다.

어니 J. 젤린스키

옷으로 마음을 만지다

2019년 8월 8일 1판 1쇄 발행
2020년 8월 8일 1판 2쇄 발행

지은이	**박소현**
펴낸이	**박래선**
펴낸곳	**여름**
출판신고	제406-251002011000004호
주소	경기도 파주시 회동길 363-8, 308호
전화	031-955-9355
팩스	031-955-9356
이메일	eidospub.co@gmail.com
페이스북	facebook.com/eidospublishing
인스타그램	instagram.com/eidos_book
블로그	https://eidospub.blog.me/

표지 디자인	**공중정원 박진범**
본문 디자인	**김경주**
표지 일러스트	**째찌**

ISBN   979-11-967297-0-7

이 도서의 국립중앙도서관 출판예정도서목록(CIP)은
서지정보유통지원시스템 홈페이지(http://seoji.nl.go.kr)와
국가자료종합목록시스템(http://www.nl.go.kr/kolisnet)에서 이용하실 수 있습니다.
(CIP제어번호 : CIP2019026087)